ちくま新書

たたかう植物

——仁義なき生存戦略

稲垣栄洋
Inagaki Hidehiro

1137

たたかう植物

——仁義なき生存戦略

【目次】

章扉挿画＝小堀文彦

第1ラウンド

植物vs植物

ガジュマル

†厳しい競争社会

私たちは植物を見ると癒される。

太陽に向かって葉を広げて伸び行く木々や、美しい花を咲かせる草花。ときに人間は、そんな植物の生き方に憧れる。古今東西の聖人たちは、植物のような穏やかな生き方をしたいと願ってきた。

植物たちの世界は、争いのない平和な世界であるように見えるかも知れない。しかし、本当にそうだろうか。こんなことを言ってしまうのはずいぶん無粋かも知れないが、残念ながらそんなことはまるでない。

自然界は弱肉強食、適者生存の世の中である。それは植物の世界であっても何一つ変わらないのである。

確かに、私たち動物に比べると、植物の世界は争いがないように見える。

動物は、他の生き物をとらえて食べたり、植物をむさぼり食べたりして生きている。時には牙をむき、角を突き合わせて戦い合う。それに比べれば、植物は、他の生き物を殺さなくても生きることができる。太陽の光と水と土があれば生きていくことができるのである。

しかし、言い換えれば、植物も太陽の光と水と土がなければ生きていけないことになる。そのため、日光や水分、土壌などの資源を巡って、植物どうし激しい争いを繰り広げているのだ。植物が上へ上へと伸びるのも、葉を茂らせるのも、少しでも他の植物よりも有利に日光を浴びるためである。もし、この成長の競争に敗れて、他の植物の陰に甘んじてしまえば、光合成をすることができないのである。

土の中の見えない戦いは、さらに熾烈を極める。植物は水や栄養分を吸うために、土の中に根っこを張り巡らせる。当然、他の植物の根っこも伸びてくる。そして、限りある土の中の水分や栄養分を、奪い合っているのである。

平和そうに見える植物たちも、じつは激しい戦いを繰り広げている。残念ながら、これが自然界の真実なのである。

†もっと光を

なかでも熾烈を極めるのが、光を巡る競合だろう。何しろ、植物は光がなければ生きていくことができない。

植物は競い合って葉を広げて、光を浴びようとしている。しかし、他の植物もまた、光を浴びようと葉を広げてくる。そのため、光を浴びようと思えば、他の植物よりも高い位置に葉を広げなければならない。しかし、まわりの植物も同じように、高い位置に葉を伸ばしてくる。こうして、植物は互いに競い合いながら、上へ上へと伸びていくのである。

しかし、他者より抜きん出て成長しようと思っても、ライバルも同じように伸びるから抜きんでることは難しい。どの植物も限界まで成長を早めているから、結果的にドングリの背比べのように、どれも同じように伸びているように見える。これは「背ぞろい現象」と呼ばれている。

せっかくつけた葉も、上の方に伸びていって葉を茂らせると、下の方は日陰になって日が当たらなくなる。すると、植物の下の方の葉っぱは役割を失って落ちていく。そして、植物の上の方だけに葉が広がっている状況ができるのである。

森の中などに入ると、ちょうど屋根が覆いかぶさっているように、上の方だけに葉が集まっている。そして、下層の方になって日が当たらなくなると葉がなくなるのである。

この上の方に葉が集まっているようすは、樹冠や草冠と呼ばれている。

そして、森の下から樹冠を見上げてみると、ちょうど、ジグソーパズルのようにさまざまな木々の葉が組み合わさって樹冠を作り上げていることがわかる。こうして植物たちは光を巡って空間を奪い合いながら、森を形成しているのである。

†アサガオの観察日記

子どもたちの夏休みの観察日記の定番といえば、アサガオだろう。

子どもたちの観察日記では、アサガオの種子をまくと、まず双葉が出る。そして本葉が一枚出る。このあたりまでは簡単である。ところが、その後が大変だ。アサガオは次々に葉をつけ、ぐんぐんつるを伸ばしていく。日記をつけるのを少しでもサボればあっという間に子どもたちの背丈を越えてしまうだろう。支柱さえ十分な長さがあれば、やがては家の屋根にまで達してしまう。アサガオは、じつに成長が早い。あっという間に屋根まで伸びる。これは、アサガオがつるで伸びるつる植物であるためである。

一般の植物は、自分の茎で立たなければならないので、茎を頑強にしながら成長していく必要がある。しかし、つるで伸びるつる植物は、他の植物に頼りながら伸びていくので、自分の力で立たなくても良い。茎を頑強にする必要がないので、その分、節約した成長エネルギーを伸長成長に使うことができる。このため、つる植物は短期間のうちに著しい成長を遂げることができるのである。

植物の競争は、スピード勝負である。どれだけ早く伸びることができるかが成功の鍵と言って過言ではないだろう。先手を打っていち早く生長することができれば、広々とした空間を占有し、存分に光を浴びることができる。一方、遅れを取れば、他の植物に遮蔽されて、十分に光を受けることができない。もし、他の植物の陰に甘んずるようなことがあれば、成長のスピードはますます遅くなり生存競争から取り残されてしまう。そして、日陰に生きる完全な負け組となってしまうのだ。

†さらに早く、さらに高く

ヒルガオは、アサガオと同じヒルガオ科の植物である。

ヒルガオは「昼の顔」の意味である。アサガオが朝咲くのに対して、ヒルガオは、昼間咲くことから名付けられた。実際には、ヒルガオも早朝から咲くのだが、午後まで咲いているので「昼顔」と呼ばれている。

ヒルガオの成長のスピードは、アサガオよりもさらに速い。

アサガオの観察日記では、双葉が出た後に本葉が出る、そして、その後につるを伸ばし

ヒルガオ

アサガオ

ていた。ところが、ヒルガオは違う。驚くことに、双葉が出た後は、本葉が出るよりも先に、つるを伸ばしてしまうのだ。ライバルの植物よりも少しでも早く成長するために、先につるを伸ばすのである。葉も出ていないのにつるを伸ばすのだから、ひょろひょろとした、ごく細いつるである。しかし、ヒルガオもつる植物であるので、自分の力で立つ必要はない。他の植物に巻きついてよりかかればいいので、茎は細くて十分なのである。そして、茎を太くするよりも、少しでも茎を長く伸ばすことで、他の植物に抜きんでて光を独占してしまうのである。

他人の力を利用して上へ伸びる図々しい生き方で、つる植物はスピーディな生長を可能にした。まじめに自分の茎で立っている植物と比べると少しずるいようだが、つる植物の生長は群雄割拠の植物界にあっては実に効果的と言えるだろう。

巻き方もいろいろ

効率的に大きく育つことができるつる植物の戦略は、さまざまな植物に採用されている。アサガオやヒルガオはつるをらせん状に巻きながら伸びていくが、他にも植物の種類によって、さまざまな伸び方がある。

キュウリやヘチマなどウリ科植物は、巻きひげで他の植物をつかみながら伸びていく。巻きひげはゆっくりと回旋しながら、つかむべき支柱を探していく。そして、支柱を見つけると、ひげをまきつけていくのである。しかも、この巻きひげはつかむ相手を選り好みする。つかんだものがガラス棒のようにつるつるした支柱だと、まきひげは巻きつくのをやめて、再び新たな支柱を探し始めるのだ。つまり、ひげの先端は支柱の感触を確かめながら、巻きつくのに適した支柱を選んでいるのである。

この巻きひげは実に良くできている。先端が支柱に巻きついた後も、巻きひげは回旋運動を続ける。そのため、巻きひげは左右からよじれてらせん状に巻いてしまうのである。

キュウリの巻きひげ

ツタ

ねじれて丸まった巻きひげは、まるでスプリングのように伸び縮みをすることができる。そして、弾力性を保ちながらも、しっかりと支柱に引き寄せて固定させるのである。

垂直の壁を平気で登ってしまう植物もある。ツタである。

どうしてツタは、つかむところもない壁をよじ登っていくことができるのだろう。実は、ツタは巻きひげの先端に吸盤を持っている。この吸盤を使いながら垂直な壁も這い上がっていくのである。この方法であれば、つるや巻きひげが巻きつけないような太い大木にも登っていくことができるのだ。

このように、つるの成長はさまざまである。しかし、いずれもつるによって生長を早め、相手の植物を踏み台にして伸びて行くことに変わりはない。そして時には、お世話になった植物を覆い尽くさんばかりに生い茂るのである。

†バラの戦略

「きれいなバラにはトゲがある」、と言われる。

バラは美しい花だが、トゲがあるので、不用意に触るとケガをしてしまう。バラの名前は「いばら」に由来している。「いばら」は、「とげ」を意味する言葉で、古来、トゲのあ

ツルバラ

る植物を総称して「イバラ」と呼んでいた。これがバラの語源である。バラはトゲを持つ植物の代表的な存在なのだ。

バラのトゲは、樹皮が変化したものである。それでは、バラのトゲは何のためにあるのだろうか。

一つは、草食動物の食害から逃れるためである。しかし、バラがトゲを持つ理由は、単なる防御のためだけではない。

バラは、もともとは、つる性の植物であった。現在でも、つるで伸びるバラを、垣根やアーチに這わせることもある。バラは、野生では、このトゲで周囲の植物に引っかかりながら、寄り掛かっていった。こうして他の植物を利用して成長を早め、有利に光合成を行っていたのである。バラのトゲは、防御ではなく、攻めのためのものだったのである。

他人に寄り掛かりながら大きくなるというアイデアは、一部の植物によからぬ企みを抱かせた。

†ついには、手段を選ばない

その植物の発想は斬新である。何しろ、地面からつるを伸ばすのではない。その植物の種子は、木の上から下に向かって伸びるという、まさに逆転の発想で成長するのである。

その植物は、植物どうしの競争の激しい熱帯の森林に住まう植物である。植物の種子は、鳥に食べられた果実といっしょに鳥の体内に入り、糞といっしょに体外に排出されて散布されるものが多くある。その植物の種子は、鳥の糞といっしょに木の枝に着床する。そして、木の上から地面に向けて根を伸ばすのである。

ツタが木の幹を這うように、その根は木の幹を伝っていく。そのようすは、他のつる植物と変わりなく見える。ただし、違うのは、ふつうのつる植物は下から上へと木を這い上がるのに対し、その植物は上から下へと伸びていくのだ。

根のうちの一本がたどりついたとき、その植物は恐ろしい殺人鬼に豹変する。根が地面について、土から栄養分を得るようになったその植物は、一気に成長を始める。そして、木の幹に張り巡らされた細い根は、太く頑丈になり、ロープでがんじがらめにするかのように、木を包み込んでいくのである。やがては、元の木が見えなくなるくらいまで、覆い隠してしまうのだ。

このような成長を示すつる植物は、「絞め殺し植物」と言われている。絞め殺し植物と呼ばれる植物には、クワ科イチジク属の植物を中心に数種が知られているが、日本の南西諸島に見られるガジュマルも、絞め殺し植物の一つである。

絞め殺し植物は、木を覆い尽くして、ついには元あった木を枯らしてしまう。実際には、元の木を絞め殺すわけではないが、太陽の光を遮られることによって元の木が枯れてしまうのだ。そのようすが、あたかも絞め殺しているように見えるのである。

包み込んだ木が朽ちてなくなってしまっても、絞め殺し植物は倒れることはない。その頃には太い根がしっかりと大地をとらえ、自分の力で立つことができるようになっているのである。

巨木がひしめく森の中で、小さな種子から芽生えた植物が、自分の力で伸びることは難しい。元の植物を乗っ取るという方法で、絞め殺し植物は、競争厳しい森の中で成功をしているのである。

†パラサイトという戦略

「他人に頼れば、苦労せずに早く大きくなれる」

このつる植物の考え方を、さらに進めたのが、寄生植物である。寄生植物は、他の植物の体内に根を張り、そこから栄養分を奪い取る。

西洋ではヤドリギは神聖な植物とされている。他の木々が葉を落としてしまった冬にも、緑色の葉を保っていることから、生命力の象徴とされているのである。

欧米では古くから、ヤドリギの下で出会った男女はキスをしても良いと言い伝えられている。そして、クリスマスの夜にヤドリギの下でキスをすると、幸せになれるという言い伝えがある。そのため、クリスマスには、よくヤドリギが飾られ、女性は好きな男性をヤドリギの下に誘うのである。

ヤドリギの最初の作戦は、絞め殺し植物と似ている。

ヤドリギの種子も、果実を食べた鳥の糞に混じって、木の枝に付着する。絞め殺し植物は、そこから根を地面に向かって伸ばしていったが、ヤドリギは違う。その根を、ゆっく

ヤドリギ

りと木の枝の中に食いこませていくのである。

ヤドリギは「宿り木」である。宿を借りるように、他の木の上に生えていることから、そう呼ばれている。しかし、ヤドリギは、宿を借りているどころではない。くさびのような根っこを、他の植物の幹の中に食い込ませ、他の木から水や養分を吸い取っている寄生植物なのである。

「完全寄生植物」と呼ばれる寄生植物が、栄養分のすべてを寄主となる植物から奪い取るのに対して、ヤドリギは、他の植物から栄養分を奪いながらも、自分でも光合成をするために、「半寄生植物」と言われている。

ヤドリギが落葉樹に寄生し、木々が葉を落としている間も緑色の葉を保っているのは、木々が葉を落としている間に、光合成をして力を蓄えるためであるとも考えられている。じつにしたたかな植物である。

もう茎も葉も必要ない

植物は競い合って茎を伸ばし、葉を広げる。それは光合成をして栄養分を得るためである。もし、他の植物から栄養分を奪うことができるのであれば、光合成をする必要はなくなる。そうすれば、茎や葉も必要なくなるのではないだろうか。

そんな寄生植物も存在する。

ススキの根元に、ひっそりと咲いているナンバンギセルも代表的な寄生植物の一つである。ナンバンギセルはヤドリギとは異なり完全寄生植物である。

ナンバンギセルは、ススキに寄り添うように咲いていることから、「思い草」という別名もある。和歌の世界では、思い草は「忍ぶ恋」を象徴する存在として詠まれているくらいだ。

ナンバンギセルは、ひょろひょろと細く伸びた茎の上に花が咲いているだけで、葉はまったくない。さらに、茎のように見えるのも、実際は長く伸びた花柄である。つまりナン

ナンバンギセル

バンギセルは茎も葉もなく、花だけが地面から生えているのである。実際にはナンバンギセルは、地面の下に退化したごく短い茎とわずかな葉を持っていて、秋になると花だけを地面の上に伸ばす。

この弱々しく、しおらしい姿は、忍ぶ恋にふさわしい。

しかし、こんなに弱々しい姿で生きていくことができるのは、ナンバンギセルが寄生植物だからである。ナンバンギセルは、自ら光合成をすることなく、ススキから養分をもらって養ってもらっている。そのため、茎も葉もなく花だけを咲かせることができるのである。植物にとって、もっとも大切なことは花を咲かせて、種子を残すことである。植物は、そのために茎を伸ばし、葉を広げて栄養分を稼ぐのである。この栄養分を苦労なく手に入れているのだから、ナンバンギセルには茎も葉もいらないのである。

†世界一、巨大な花の正体

世界で最大の花として知られるラフレシアは、直径が一メートルにもなる巨大な花である。十九世紀にイギリスの探検隊によって発見された当初、ラフレシアは、人食い花でないかと考えられた。何しろ、ラフレシアは、地面の上に大きな花がぱっくりと口を開けているのだ。

じつは、ラフレシアも寄生植物である。

ラフレシアは、ブドウ科植物の根に寄生し、栄養分を吸い取っている。そして、そこから直接花を咲かせるのである。植物にとってもっとも重要な器官は種子を残すための花である。極端な言い方をすれば、茎を伸ばし葉を広げて成長することは、すべて花を咲かせるためなのだ。そう考えればラフレシアは、余分な茎も葉もなく、花だけを咲かせる理想的な形である。

それだけではない。ラフレシアには、養分を吸収する根さえない。ラフレシアは糸状に

ラフレシア

細胞が並んだだけの、寄生根と呼ばれる器官をブドウ科植物の根に食いこませている。もはや自力で立つことも必要ないので、しっかりとした根は必要ない。点滴チューブのような細い寄生根だけで十分なのである。

それにしても、世界一大きな花が自活しない寄生植物というのも、世の不条理を感じる。しかし、余分なものをそぎ落とし、茎も葉もない植物だからこそ、全てのエネルギーを花を咲かせることに振り向けることができる。その結果として、ラフレシアは巨大な花を手に入れることができたのである。

†根も葉もない悪魔

つる植物の例として紹介したアサガオの仲間

ネナシカズラ

にも寄生植物が存在する。その名は、ネナシカズラという。ネナシカズラは「根なし蔓」という意味である。

ネナシカズラは、光合成をする必要がないので、光合成のための葉緑素はない。そのため、もやしのように軟弱な黄白色をしている。誰かに養ってもらうパラサイトのような生活は、よく「ひも生活」と表現されるが、ネナシカズラの姿は、まさに「ひも」なのである。

根なしとはいっても、芽を出したばかりのネナシカズラは根を持っている。そして、獲物を求めて茎は地面を這っていくのだ。不思議なことに、人工的な支柱や、すでに弱った植物には見向きもしない。獲物を狙う蛇さながらに、あたりの植物を撫でまわしながら、活きのいい植物の茎を選んで巻きつくのである。そのメカニズムは明らかにはなっていないが、ネナシカズラは、宿主植物が発するわずかな揮発成分を感知しているのではないかと考えられている。

そして、獲物に食らいついたネナシカズラは、もはや必要のなくなった根を消し去って、本当に「根なし」になる。そして、根から養分を吸収する術を失ったネナシカズラは獲物の体に巻きつきながら、つるから牙のような形状の寄生根をつぎつぎに出して獲物の体に食い込ませ、栄養分を吸い取るのである。その姿から、ネナシカズラは、「黄色い吸血鬼」と呼ばれて恐れられているのである。

†見えない化学戦

枝を広げ、葉を茂らせて、激しく空間を争い合う植物。しかし、植物どうしの戦いは、地面の上だけではない。地面の下では、さらに激しい戦いが繰り広げられている。

植物は根を張りながら、根から、さまざまな化学物質を出す。そして、まわりの植物にダメージを与えたり、他の植物の種子からの発芽を阻害したりして、他の植物を撃退するのである。

このように、化学物質を介して、他の植物の成長を抑制することは「アレロパシー」と呼ばれている。アレロパシーは、ギリシャ語で「互いに感受する」という意味の造語である。そのため、本来の意味では、植物どうしに限らず、植物と微生物や昆虫あるいは、微生物どうしなど、すべての生物間の干渉作用を言う。また、必ずしも生育を抑制するだけでなく、生育を促進するような効果を及ぼす場合も含まれる。ただし、一般的にはアレロパシーは植物間の競合において、ある植物が出す物質が、別の植物の生育を阻害する場合に用いられている。

古くからクルミの木の下や、アカマツの木の下には下草や他の木が生えないことが知られていた。これはクルミやアカマツの根から出る物質が、他の植物の成長を阻害しているのである。

多かれ少なかれ、ほとんどの植物がアレロパシー活性のある物質を持っている。穏やかに見える植物の世界も、日々、化学兵器を使った争いが繰り広げられているのである。

†独り勝ちは許されない

強いアレロパシー作用を持つ植物として、セイタカアワダチソウが知られている。

セイタカアワダチソウが、河原や空き地などに一面に生えているようすをよく見かける。セイタカアワダチソウは、根から出す毒性物質によって、ライバルとなるまわりの植物の芽生えや生育を抑制し、自分の成長を優占的に行う。こうして、他の植物を駆逐して、一面に大繁殖するのである。まさに、恐ろしい化学兵器を使っているのだ。

しかし、である。いつの頃からかセイタカアワダチソウに一時の勢いがなくなった。あれほど猛威を振るっていたはずの、セイタカアワダチソウが、衰退しつつあるという現象が起きているのである。一時は駆逐されかけた、ススキやオギなどの日本の野草が盛り返して、セイタカアワダチソウを圧倒している例も少なくない。

セイタカアワダチソウの名は、背が高いことに由来している。その名のとおり、日本では二〜三メートルもの高さになる。ところが、最近では、五〇センチ程度で花を咲かせているようすも、よく見かける。

どうして、あれほどの猛威を振るっていたセイタカアワダチソウが、おとなしくなってしまったのだろうか。

この原因の一つは「自家中毒」にあると言われている。セイタカアワダチソウは、毒性のある化学物質でまわりの植物を次々に駆逐していった。そして、セイタカアワダチソウが独り勝ちしてしまったのである。ところが、他の植物がなくなると、相手を攻撃するはずのセイタカアワダチソウの毒は、セイタカアワダチソウ自身に影響して、自らの成長を妨げるようになってしまったのである。

植物界のパワーバランス

ところが、不思議なことがある。

セイタカアワダチソウは、北アメリカ原産の外来雑草である。その原産地の北アメリカでは、セイタカアワダチソウは、けっして大繁殖していない。

そもそも、祖国の北アメリカの草原では、けっして背も高くなく、一メートルにも満たない高さである。そして、秋の野に咲く美しい花として人々に親しまれている。猛威を振るうどころか、セイタカアワダチソウが咲く草原の自然を守ろうと、保護活動まで行われているくらいである。

そもそも、セイタカアワダチソウが日本にやってきたのは、美しい花を園芸的に利用しようと日本に導入したのが最初である。その美しい花が、どうして、異国の日本では、猛威を振るっていたのだろう。

北アメリカでも、セイタカアワダチソウは同じように、根から化学物質を出している。じつは、すべての植物が多かれ少なかれ、根から化学物質を出して、まわりの植物を攻撃している。こうしてお互いに化学物質を放出しあう化学戦争が繰り広げられているのだ。しかし、それに簡単にやられていたのでは戦いにならないから、まわりの植物は、それに対する防御の仕組みも発達させてダメージを防いでいる。そして、攻防のバランスがとれることによって見た目にはアレロパシーがないかのように見えているのである。

アメリカでは、セイタカアワダチソウと大昔から戦いながら進化を遂げてきたまわりの植物は、セイタカアワダチソウが出す毒成分に対する防御の仕組みを発達させている。こうして、バランスがとれているので、セイタカアワダチソウばかりが広がってしまうということはないのだ。

ところが、日本の植物は、新しく帰化したセイタカアワダチソウの化学物質に対して、

セイタカアワダチソウ

防御する仕組みを持っていなかった。もちろん、日本の植物も根からさまざまな物質を出すが、セイタカアワダチソウを攻撃する効果的な物質を持っていなかったのかも知れない。そのため、バランスを取ることができずに、セイタカアワダチソウは背が二〜三メートルにも高くなる巨大なモンスターと化して、大暴れをしてしまったのである。

しかし、お互いの攻撃の中でバランスを保っていたセイタカアワダチソウにとっても、独り勝ちは初めての経験であった。そして、結果的に自らの毒で身を滅ぼすことになってしまったのである。同じように日本では野草として親しまれているイタドリやススキも、海外に渡るとモンスターと化して大雑草として問題になっている。

穏やかに見える植物も、地面の下ではお互いに攻撃し合っている。しかし、植物の世界は、それでバランスを保っているのだから、自然界というのは、すごいものである。

第2ラウンド

植物VS環境

球サボテン

†戦うのも大変だ

植物どうしの戦いは、私たち人間が思う以上に熾烈である。

枝や葉は光を奪い合い、見えない土の中では根が栄養分や水を奪い合う。もし、光を勝ち取ることができなければ、他の植物の陰で枯れてしまうし、水を奪われれば干上がってしまう。競争に勝ち抜かなければ生きていくことはできないのである。そんな競争を勝ち抜くことは簡単ではない。

競争社会を勝ち抜くには、相当の競争力が必要となる。少しでも勝てるチャンスがあるのであれば、そのチャンスに賭けてみるのも悪くない。しかし、どう見ても勝てない戦いもある。当たって砕けろとばかりに、勝負を挑むのは威勢がいいが、本当に砕けてしまっては元も子もない。自然界は厳しい。勝負に負けるということは、そのまま死を意味しているのである。

強い者が生き残るとは言え、勝者でさえも無傷ではいられない。

どんなに葉を茂らせようとしても、他の植物の葉が容赦なく邪魔をする。たとえ、一部の葉は光を浴びたとしても、光が当たらない葉は枯れるしかない。たとえ激しい戦いに勝利したとしても、かなりのエネルギーを消耗するし、ダメージは計り知れないだろう。

強者と呼ばれる植物にとっても、競争をすることは大変なことなのだ。

†戦わない戦略

美しく豊かに見える森の木々たちは、すべて戦いに勝利したものたちである。その陰には、本当は戦いに敗れ去り、日が当たらず枯れていった植物が数多くあるのである。物静かに生きているように見える植物にとっても、戦うことは、とても大変なことなのだ。

そこで、できるだけ戦うことを避けたいという植物もある。

英国の生態学者であるジョン・フィリップ・グライムは、植物の成功戦略を三つに分類した。それがCSR戦略と呼ばれるもので、植物の成功戦略には、C、S、Rという三つの戦略があるというものである。

C戦略は、「コンペティティブ（競争型）」と呼ばれるものである。

自然界は厳しい競争社会である。強い者が生き残り、弱い者は滅びゆく。これが自然の掟である。植物たちもまた、常に激しい生存競争を繰り広げている。

そんな激しい競争を勝ち抜くことで成功する植物が「競争型」である。つまり、C戦略は、強い植物の戦略なのである。

競争社会で競争に強いことは、必須条件のように思える。自然界でC戦略以外の戦略など、あるのだろうか。

じつは、熾烈な競争を繰り広げる植物の世界で、必ずしも強い植物のもつC戦略が成功

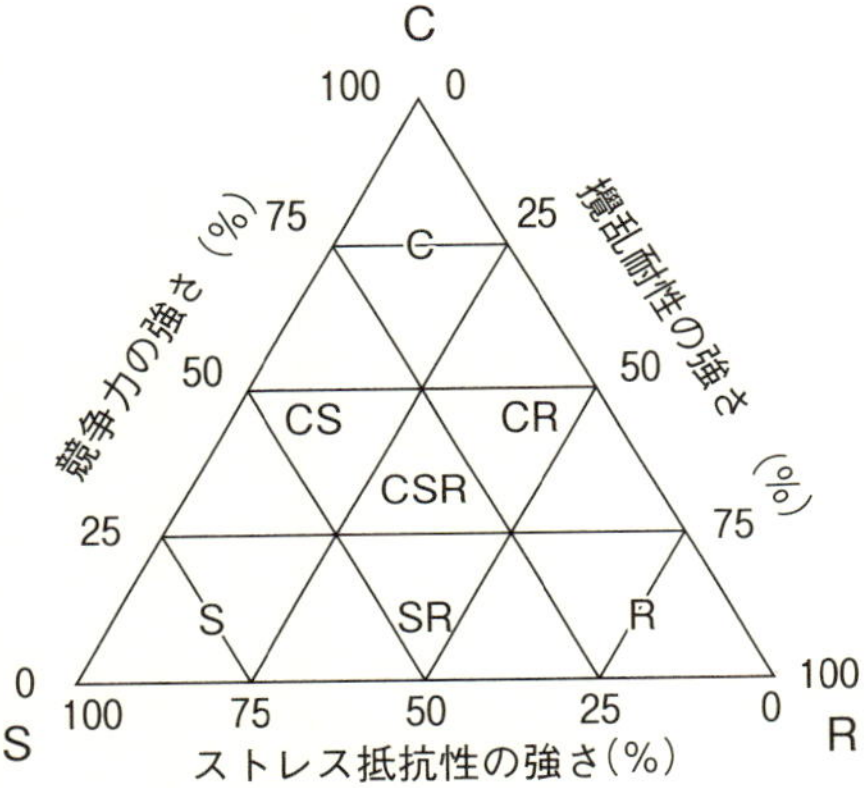

すべての植物はC.S.Rの3つの戦略の要素のバランスを変化させて、自らの戦略を組み立てている。

するとは限らないところが、自然界の面白いところである。

そんな競争に弱い植物たちの成功戦略が、SとRという戦略なのである。

弱い植物の戦略

弱い植物が、強い植物に勝てる条件というのは、どのようなものなのだろうか。

野球やサッカー、テニスなどのスポーツの試合を考えてみるとわかりやすいが、条件が良い場合には、番狂わせは起こりにくい。恵まれた好条件であれば、誰もが実力を出すことができる。そして、実力どおりの結果になるから、実力のない弱者には勝つ見込みがないということになる。

逆に、条件が悪かったとしたら、どうだろう。雨が土砂降りで、強風も吹いている。けっして良いコンディションとはいえない。こんな環境で勝負をするのは、誰だっていやである。しかし、番狂わせが起きるとすれば、得てして条件が悪いときだ。

そもそも、実力のあるチャンピオンは、わざわざそんな実力も出せないような条件の悪いところでゲームはしたくないと思うだろう。そうなれば、実力のない弱者が不戦勝である。

そこで、弱い植物は、自ら強い植物が力を発揮できないような悪条件を選んで生えている。それが、S戦略とR戦略の植物である。

S戦略は、「ストレス・トレランス（ストレス耐性型）」と呼ばれる。植物にとってのストレスとは生育に対する不良な環境のことである。たとえば、水が不足したり、光が不足したり、温度が低いことなどは、植物にとってストレスとなる。このような環境では、競争に強い植物が勝つとは限らない。とても競争をしている余裕などないのだ。このようなストレス環境に耐える力を持ち、過酷な環境を棲みかとしているのがS戦略の植物なのである。

たとえば、水の少ない砂漠に生きるサボテンや、氷雪に耐える高山植物は、S戦略の典型である。

もう一つのR戦略は、「ルデラル型」と言われている。「ルデラル」というのは荒野に生きる植物という意味である。ルデラル型は、日本語では「攪乱耐性型」と訳されている。

このタイプは環境の変化に強く、予測不能な激しい環境に臨機応変に対応するタイプである。このRタイプの典型が、私たちの身の回りで最も成功を収めている雑草である。

サボテンや雑草は、強いというイメージがあるが、それは悪条件を克服する強さを持っているということである。彼らは本当は、戦いを避けた弱い植物なのだ。

しかし、ただ競争が弱いから、競争を避けて逃げ出すというにはいかない。そこには、強い植物が生えることができないような過酷な環境との戦いが待っているのである。それでは、S戦略とR戦略の植物の環境との戦いを見てみることにしよう。

サボテンのトゲの理由

代表的なS戦略の植物の一つがサボテンである。サボテンは、強い植物が生えることのできない砂漠に生えている。植物にとって、いや、すべての生物の生存にとって不可欠なのが「水」である。砂漠に暮らすサボテンにとって、もっとも過酷なことは水がないということなのである。

サボテンには、たくさんのトゲがある。これは動物などから、身を守るためのものである。しかし、理由はそれだけではない。葉は光合成をするために必要な器官であるが、薄くて広い葉からは水が蒸発していってしまう。そこで、貴重な水が蒸発するのを防ぐために葉を細いトゲのようにしたのである。

しかし、水分の蒸発を防ぐのであれば、トゲの数は少ない方が良いような気もするが、サボテンは必要以上にトゲが密生している。じつは、サボテンはトゲをすべて取り除くと、茎の温度が上がってしまうという。サボテンはトゲを密生させることで光を錯乱させて、茎に光が当たらないようにしているのである。さらに、細いトゲの先端に空気中の水分が吸着して温度を下げる効果もあるという。サボテンのトゲは、まさに砂漠で生きるためのものだったのである。

トゲのようになった葉は、もはや光合成をすることはできない。そこで、サボテンは葉の代わりに茎で光合成を行うようになった。さらに、茎を太らせて、茎の中に水を蓄えるようにした。こうしてサボテンは太い茎に、細いトゲがたくさん生えている奇妙な形になったのである。

ただし、茎の表面からも水は蒸発していってしまう。そのためには、表面積はできるだけ少なくした。体積に対して表面積がもっとも少ない形は、球である。サボテンの中には、まん丸い形をした球サボテンがあるのは、そのためなのである。

†ターボエンジンでパワーアップ

葉の表面を少なくし、葉の表面をコーティングすることによって、水の蒸発を防いだサボテン。しかし、問題は残る。

植物が生きていくためには光合成をしなければならない。光合成は、二酸化炭素と水からエネルギー源となる糖を作りだす作業である。この二酸化炭素を取り込むために、気孔という換気口を開く。ところが、気孔を開くと、そこから大切な水分が蒸発していってしまうのである。しかし、光合成をするためには、気孔を開かないわけにはいかない。そのため、できるだけ気孔を開く回数を少なくしなければならないのである。

この問題を解決したのが、C_4植物と呼ばれる植物である。

C_4植物は、特定の植物のグループを指すわけではなく、C_4光合成というシステムを持つ植物のことである。C_4光合成を持つ植物は、単子葉植物や双子葉植物のさまざまなグループの中に見られることから、多元的に進化してきたと考えられている。

それではC_4光合成とは、どのようなものなのだろうか。

一般の植物はC_3回路というシステムで光合成を行っている。C_3回路の呼び名は、回路の最初に生じるのが炭素数三個の3ホスホグリセリン酸であることに由来している。ところがC_4植物は、この通常の光合成回路に加えて、C_4回路と呼ばれる高性能の光合成システムを持っている。C_4回路は、回路の最初に炭素が四個のオキサロ酢酸を生じる。

自動車のターボエンジンは、空気を圧縮して、大量の空気をエンジンに送り込むことによって出力をあげるシステムである。光合成のC_4回路も良く似たしくみを持っている。C_4回路はターボチャージャーのように二酸化炭素を圧縮する。そして、エンジンであるC_3回路に二酸化炭素を送り込む役割をしている。このシステムによって、光合成能力を飛躍的に高めることができるのである。

†水分の蒸発を防ぐ

ターボエンジンが高速運転でその持ち味を発揮するように、高性能のC_4光合成は、夏の高温と強い日差しの下でその高いポテンシャルを発揮する。C_3回路は強すぎる太陽の光に光合成が追いつけず、光合成量が頭打ちになってしまう。ちょうど、アクセルをどんなに踏んでもパワーがあがらずスピードの出ない車のような感じだろうか。しかし、C_4植物は違う。照りつける太陽の光が強ければ強いほど、光合成速度はますます加速していくのである。

しかし、このC_4植物は、どうして水分の蒸発を防ぐことができるというのだろうか。

C_4植物は、気孔を開いたときに取り込んだ二酸化炭素を、濃縮することができる。そのため、気孔が開く回数を少なくすることができるのである。気孔を開かないということは、蒸発する水分を制限して、水分を節約することが可能になる。そのため、C_4回路を持つC_4植物は乾燥した場所で強さを発揮するのである。

夏の間に道ばたで茂っているイネ科の雑草は、C_4植物が多い。誰かが水をやるわけでもないのに、雑草が日照りにも負けずに青々としているのは、そのためだったのである。

✝ツインカムエンジンの登場

C_4回路は、高温や乾燥に強い優れたシステムだが、サボテンが暮らしている砂漠の環境は、生易しいものではない。さらに水分を節約しなければならないのだ。そこで、サボテンなどは、さらに乾燥地仕様の特殊なシステムを持っている。

自動車のエンジンでは、ツインカムというシステムがある。

エンジン性能にとって重要な部品に吸排気バルブの開閉にかかわるCAM（カム）がある。このカムを吸気用と排気用に分けて、二本のカムシャフトを装着した高性能エンジンが、いわゆるツインカムである。

じつは、植物の乾燥地仕様の高性能な光合成システムもCAM（カム）と呼ばれている。

もっとも植物のCAMは「ベンケイソウ型有機酸代謝（Crassulacean Acid Metabolism）」という言葉の略であり、言葉が似ているのはまったくの偶然である。

先述のC_4回路の光合成システムは、気孔の開閉を最小限に抑えることができるが、どうしても気孔を開くときに、水分が失われてしまう。ところが、水分が貴重な乾燥地帯では、このわずかな水分のロスでさえ、命取りになってしまうのだ。

そこで登場するのがCAMである。

光合成は太陽の光がある昼間に行われるため、植物は、水分の蒸発が激しい昼間に気孔を開閉していた。ところが、CAMの光合成システムでは、吸気用のシステムを別に分けることでこの問題を解決した。すなわち、気温が低く、水分の蒸発の少ない夜間に気孔を開いて二酸化炭素を取り込み、濃縮して貯め込んでおく。そして、昼間は気孔を完全に閉じて、貯えた二酸化炭素を供給して光合成を行うのである。こうして、昼と夜とでシステムを使い分けることによって水分の蒸発を抑えることに成功したのだ。

本来は一体だったシステムを、機能を分担させて二つに分けるという発想は、ツインカムエンジンと似ていなくもない。ただ、その仕組みは違う。CAMのシステムは、むしろ夜の間に夜間電力で氷や温水を作って熱エネルギーを貯え、昼間に利用する深夜電気温水器と、よく似たシステムといえるだろう。

サボテンなど乾燥地の植物は、このCAMのシステムを持っている。

こうして、乾燥地帯に暮らす植物は、光合成という植物にとってもっとも基本的なシステムにも工夫を加えているのである。

†干されたときに根は伸びる

サボテンの例は極端にしても、水の不足する乾燥状態は、すべての植物に起こりうる事態である。植物は、どのように乾燥と戦っているのだろうか。ここでは、一般的な植物の乾燥に対する対応を見て見よう。

植物の成長には、目に見える成長と、目に見えない成長がある。目に見えない成長というのは、地面の下の根っこの成長である。水が豊富にあると植物の根は、意外に成長しない。たとえば、植物を水栽培すると根っこはあまり伸びない。水が簡単に吸えるために、必要最低限しか根を張らないのである。

しかし、水が不足すると、植物の根は著しく成長する。水がない時こそ、根は水を求めて地中深く根を伸ばし、たくさんの根毛を発達させて、四方八方に根を張り巡らせるのである。根にとっては、干された時こそ成長する時でもあるのだ。

江戸時代の『説法詞料鈔』という本に次のような一節がある。

「たとえば田畑の植物は日照りには枯れ、雨降れば育つなり。これは人力によりて植えたるゆえなり。路辺に生いたる春草は、土により自然《じねん》に生じて人力によらず。かかるがゆえに大地のうるおいのゆえに日照りに枯るることなし」

人間が丹精を込めて育てている作物が干ばつで枯れていくのに、誰も水をやらない道ばたの雑草が青々と繁っているとうらやんでいるのだ。それはそうである。作物は毎日、水を与えられているが、雑草に水をやる人はいない。常に乾燥と戦っている雑草は、根の伸び方が違うのである。この深く張った根が、日照りのときに力を発揮するのだ。

このように植物は、乾燥したときには無理に枝や葉を伸ばそうとするのではなく、じっと深く根を張るのである。

†乾いたときに増える

根ばかりではない。干された時をチャンスとばかりに増殖する植物もある。

たとえば、田んぼの雑草であるオモダカもその例である。オモダカは水の豊富な田んぼ

オモダカ

の中に生えている。ところが、田んぼではイネの成長を調整するために、中干しという田んぼの水を抜く作業をする。今まで溜めていた水を一気に抜き、土にヒビが入るくらいまで乾かすのである。オモダカにとっては大ピンチに思えるが、大丈夫なのだろうか。オモダカは、一緒に干上がってしまわないのだろうか。

オモダカの反応はじつにたくましい。干されたオモダカは、一転して土の中の塊茎を充実させるのである。塊茎はサトイモの芋のような器官で、成長へのエネルギーを蓄える場所でもあり、繁殖の場所でもある。この塊茎の充実によってオモダカは増殖してしまうのだ。干されたことがオモダカの成功につながっているのである。

芋姉ちゃんや、芋侍など、芋というとバカにしたようなイメージがあるが、芋というのは、植物にとって、じつに戦略的な器官である。

乾燥状態では、植物は茎や葉を茂らせるのではなく、じっと地面の下に栄養を蓄えるのである。その栄養の貯蔵器官が「芋」である。芋の中には根っこを太らせるものと、茎を太らせるものとがある。たとえば、野菜ではサツマイモは塊根と呼ばれる芋であるし、ジャガイモは塊茎と呼ばれる茎が太った芋である。

こうして、植物は生育に適さない環境では、地面の下にじっと力を蓄えて、成長すべきときを待つのである。

†雑草は弱い

S戦略の次は、R戦略を見てみることにしよう。R戦略は「ルデラル型」であり、予測不能な激しい変化に対応している。

すでに紹介したように、R戦略の代表は雑草である。

強いというイメージのある雑草だが、植物学的には雑草は「弱い植物」である。弱いという意味は、他の植物との競争に弱いのである。そのため、雑草は強い植物が力を発揮できないような場所に生えている。それが、よく草取りをされる畑であったり、よく踏まれる道ばただったりするのである。雑草は、弱い植物であるが、そんな困難な環境に生える強さを持っているのである。

弱い植物である雑草は、他の植物との競争を避けている。しかし、けっして逃げているわけではない。雑草は、より厳しい環境に挑み続けているのである。要は、どこで勝負するかということなのだ。

†チャンスは逆境に宿る

条件が良いところでは、強い植物に負けてしまう。強い植物が侵入してこないような条件の悪い場所こそが、雑草の棲みかである。そのため、草取りされたり、踏まれたりする逆境の環境こそが、雑草の生存のために必要なのである。草取りされたり、踏まれたりすることは、どんな植物にとっても良い環境であるとは言えない。しかし、雑草は、その逆境がないと生存できないという宿命を背負っている。

そんな雑草の戦略を一言でいえば、「逆境は利用する」ということに尽きるだろう。

雑草にとって、逆境は耐えることでも、克服すべきものでもない。逆境を利用して成功する、これこそが雑草魂の真骨頂なのである。

たとえば、きれいに草取りをしたつもりでも、一週間もすると、きれいに雑草が生えそろって来てしまうことがある。

草取りをすれば、確かにその雑草は取り除かれる。しかし、雑草はいざというときに備えて、地面の下には、無数の雑草の種を準備させている。このように地面の下にある種子は「シードバンク（種子の銀行）」と呼ばれている。こうして雑草は銀行にお金を預けるようにして、リスク管理をしているのである。

一般に植物の種子は土の中にあるので、光があると芽を出さない。ところが、雑草の種子は逆に、光が当たると芽を出すという性質を持っているものが多い。これはどうしてだろう。

雑草の種子は、地面の下で発芽すべきチャンスを待っている。草取りをすると、土がひっくり返り、種子に光が当たる。光が差し込んだということは、人間が草取りをして、まわりの植物がなくなったことを示す合図でもある。そこで、雑草の種子はここをチャンスととらえて、我先にと芽を出すのである。つまり、草取りをするという人間の行動が、雑草の発芽を誘導しているのである。そのため、草取りをすると、雑草がかえってふえてしまうことさえ起こってしまうのである。

†逆境は順境である

雑草にとっては逆境こそが順境である。

踏まれながら花を咲かせる道ばたの雑草に、人はセンチメンタルな気持ちになる。しかし、雑草にとっては踏まれることさえチャンスである。

オオバコという雑草は、雨に濡れると種子がゼリー状の粘着物質を出して、ベタベタする。そして、人の靴や車のタイヤにくっついて種子が運ばれていくのである。タンポポが風に乗せて種子を運ぶように、オオバコは踏まれることによって種子を運ぶのである。

春の七草として知られるハコベは田園地帯に多い雑草だが、意外に都会にも多く見られる。これには理由がある。ハコベは種子が金平糖のように突起がある。この突起が、靴の裏の土などにめり込んでくっつく。こうして種子が運ばれていくので、人通りの激しい都会にも多く見られるのである。

こうなるとオオバコやハコベにとっては、踏まれることはもはや逆境でも耐えることでもない。踏まれなければ種子を散布することができないから、踏んでもらわないと困って

オオバコ

ハコベ

しまう。道ばたのオオバコやハコベはみんな踏んでほしいと思っているはずである。

草刈り機で草刈りをしたり、畑を耕して土をひっくり返すことも、畑の雑草にとっては、逆境のように思える。しかし、畑の雑草は、草刈りや畑の耕起で、ちぎれちぎれになると、バラバラになったそれぞれの茎や地下茎の節から、根を出して再生する。こうして、草刈りされたり、耕起されることによって、かえって雑草が増えてしまうことさえあるのである。

第3ラウンド

植物VS病原菌

ドクムギ

†健康グッズの立役者

世の中には抗菌グッズと呼ばれるものが出回っている。抗菌スプレーや抗菌マスク、抗菌シート、抗菌性プラスチックなど、さまざまなものによって、私たちの体は、菌から守られている。

抗菌物質には、色々とあるが、天然成分と呼ばれるものには、植物由来の物質が多い。植物は、日々、病原菌と戦っている。そのため、すべての植物は抗菌物質を身につけて身を守っているのである。

植物が持つ抗菌物質の例は枚挙にいとまがない。

たとえば、ミカンの皮に含まれるリモネンという精油成分は、洗剤にも用いられる成分だが、もともとはミカンの果実や種を守るための抗菌物質である。お茶の葉の中に含まれるカテキンも、抗菌活性のある物質である。お茶のカテキンも、もともとは病害虫から身を守るためのものなのだ。野菜の中には、えぐみや渋み、苦味のあるものがある。それらも、もともとは病原菌から身を守るための物質である。

このような抗菌活性は、さまざまに人間に利用されてきた。

ミカン

たとえば、ワサビの抗菌活性は鮮魚の腐敗を防止することができる。また、かしわ餅や朴葉餅のように、餅を植物の葉でくるむのは、腐りやすい餅が腐らないように、抗菌活性を持つ葉でくるんだのである。

あるいは衣類に用いられた藍染や、ジーンズを染めたインド藍も、抗菌活性がある。そのため、作業着や野良着として菌から肌を守るために用いられたのである。

さらに、このような植物が持つ抗菌物質は、人間の健康にも役に立つ。植物が持つ抗菌物質は生薬や薬草として人間が病気から身を守るための物質としても用いられたのである。

†体にいい植物成分

抗菌物質だけではない。植物が持つ成分には、人間の体に良いものがたくさんある。

たとえば、アントシアニンやフラボノイドなどのポリフェノールやビタミン類などの抗酸化物質も、植物が持つ健康成分の一つである。植物の抗酸化物質は、老化防止のアンチエイジング効果や美肌効果、動脈硬化の予防、癌の予防、抗ストレス、疲れ目の改善など、さまざまな健康効果がある。

しかし、考えてみれば不思議である。そもそも、どうして植物は、人間の老化を防いだり、美肌にしてくれたりするような物質をわざわざ持っているのだろうか。

植物はさまざまな物質を持っているが、無駄な物質を作るわけではない。植物が作りだす物質は、すべて植物が生きていくために必要な物質なはずである。

この話をするためには、植物と植物病源菌の壮絶な戦いの物語から始めなければならないだろう。

†ある日の葉っぱの上

ある日の葉っぱの上に場面をフォーカスしてみよう。

突然、緊急事態を知らせる信号が葉っぱ全体を駆け巡った。病原菌が現れたのである。人間の世界で言えば、けたたましくサイレンが鳴り響いた。そんな感じだろうか。それにしても、目も耳もない植物が、どうして病原菌の到来を察知することができるのだろうか。葉っぱの中にサイレンがなるわけではない。病原菌の到来を知らせるシグナルが、化学物質を介して細胞から細胞へと伝えられていくのである。じつは、病原菌は、植物に対してエリシターと呼ばれる物質を出す。この物質を感知して、植物は病原菌の到来を知るのである。

しかし、謎は残る。どうして、病原菌は植物に対して自らの存在を知らしめるような物質を出すのだろうか。

エリシターは特定の物質の名前ではなく、「引き出すもの」という意味である。植物は、病原菌から発せられる物質を感知して、防御態勢を取るのである。

当然のことながら、病原菌がわざわざ植物のために、自らの存在を知らせるはずはない。エリシターは、もともとは病原菌が、植物に侵入するための物質である。たとえば、泥棒が家に忍び込もうとすれば、鍵穴に針金を入れたり、工具でガラスを割ったりする。しかし、そうすれば、異常を感知した防犯ベルが鳴り響くことであろう。同じように、植物も病原菌の侵入作業を感知するのである。しかし、外から観察すると、病原体の出した物質によって、防御が引き起こされるように見える。そのため、エリシターと呼ばれているのである。

エリシターは、病原菌が出す物質だけでなく、病原菌の体を構成する細胞壁や、あるいは、病原菌の攻撃によって破壊された植物の細胞壁もエリシターとなる。このように、さまざまな異常を感知して植物は防御態勢を取るのである。

†エリシターを巡る攻防

エリシターは、病原菌が出す植物を攻撃する物質であるが、植物は防御システムを発達させているので、単純な攻撃では病原菌は植物体に感染することはできない。植物の防衛システムは、高度に発達していて、ほぼ完ぺきに菌の感染を防ぐことができる。世の中には、無数の菌がいるが、ほとんどの菌は植物の防衛システムに妨げられて、感染することができないのである。

しかし、実際には植物は病気に掛かる。

じつは、ごく一部の限られた菌だけが、植物への感染を成し遂げ、病原菌となっているのである。病原菌と呼ばれる菌は、じつは選ばれし菌なのである。

それでは、完璧と呼ばれる植物の防衛システムを、病原菌はどのように突破しているのだろうか。どんな異常も感知する防犯ベルのシステムを突破しようとする泥棒を例に考えてみよう。懸命な泥棒であれば、まずは防犯システムを正面突破するのではなく、防犯システムの機能を止めることを考えるだろう。防犯カメラがあれば、それを目隠しし、防犯ベルの電線を切る。それが常套手段である。

病原菌も同じである。植物が持つ完璧な防衛システムを突破することは難しい。そこで、病原菌も防衛システムをダウンさせることを考えたのである。

植物は、病原菌から出るエリシターを感じて、防衛システムを発動させる。そこで病原菌は、この防衛システムを機能させないための物質を出す。これは、サプレッサーと呼ばれている。こうして、病原菌はサプレッサーの働きによって植物のエリシター感知システムをダウンさせるのである。

もちろん植物だってやられっぱなしではない。病原菌から発せられる物質という点では、エリシターもサプレッサーも大した違いはない。それならば、今度はサプレッサーをいち早く感じて防衛システムが起動するように、感知システムを修正すればいい。

つまり、サプレッサーが、植物にとっては、今度はエリシターとなるのである。

そうなると今度は、病原菌も黙っていない。

防衛システムを突破できなければ、病原菌も死活問題である。そのため、病原菌は新たなサプレッサーを発達させて、防衛システムの突破を図る。そして、植物は再び防衛システムを感知するように発達する。

植物と病原菌とははるか昔から、こんないたちごっこの戦いを繰り返しながら、共に進化してきたのである。

†戦いの始まり

それでは、植物の防衛システムとは、どのようなものなのだろう。

まず、最初に大切なことは侵入を防ぐことである。たとえば、日本の城であれば、深く堀が掘られ、石垣がそびえている。中世のヨーロッパの町で言えば、高々とした城壁が町のまわりを張り巡らしている。

植物も同じである。植木に水をやると、葉が水をはじくことに気がつくだろう。植物の葉の表面は厚いワックスの層でコーティングされている。これが城壁のように侵入を防いでいるのである。しかも病原菌は水分があると繁殖しやすい。そのため葉をワックスでコーティングし、濡れにくくしているのである。こうして、敵の攻撃の拠点づくりを妨害しているのだ。さらにワックス層の下の壁には、抗菌物質を蓄えている。こうして城が高く頑強な石垣と水を蓄えた堀で城を守るようにして、病原菌の侵入を拒んでいるのである。

しかし、それだけでは敵の侵入を防ぐことはできない。城攻めであれば、敵は城の入り口である城門を攻めてくることだろう。植物にも入りやすい侵入口が存在する。それが、「気孔」である。

植物の葉の裏側には、気孔という呼吸のための換気口がある。この気孔が病原菌の侵入口となってしまうのである。エリシターを感知すると植物の体内には、病原菌の到来を知らせるシグナルが伝えられる。すると、植物はまず、敵の侵入に備えて気孔を閉じるのである。

しかし、戦いはまだ、始まったばかりである。気孔が閉じられたからといって、病原菌が侵入を諦めるはずはないのだ。

病原菌は細胞壁を破壊し、無理やり押し入ろうとする。

すると、植物は細胞壁の破られた箇所に、細胞内の物質を凝集させてバリケードを築く。まさに、必死の抗戦である。しかし、病原菌の攻撃は手ごわい。バリケードを破られるのも時間の問題だろう。もはや戦いは避けられない。いよいよ全面的な防衛戦の始まりである。

†酸素は廃棄物だった

植物と病原菌との戦いでは、酸素が重要な役割をする。どうして、酸素が植物と病原菌との戦いに関係するのだろうか。

植物と病原菌の戦いを覗いてみる前に、まず酸素とはどのような物質なのか考えてみることにしよう。

時代を遡ること、三十六億年。その頃の地球には、まだ酸素はほとんどなかった。その頃の地球は、金星や火星などと同じように、二酸化炭素が大気の主成分だったと考えられている。そこには、小さな微生物が暮らしていて、酸素呼吸ではなく、硫化水素を分解して呼吸していた。

そこに登場したのが、植物の祖先となる植物プランクトンである。

植物プランクトンは、太陽光を利用してエネルギーを作り出す光合成というシステムを手に入れた。光合成は、二酸化炭素と水を材料としてエネルギー源となる糖を生みだす。この光合成によって生み出されるエネルギーは莫大で、この光合成のエネルギーによって植物は大きく成長することが可能になったのである。

しかし、光合成には欠点があった。光合成の化学反応で糖を作り出すときに酸素が出てしまうのだ。じつは酸素は光合成による廃棄物なのである。

当時は、酸素は地球上には、ほとんど存在していない物質だったから、光合成はけっして環境にやさしい循環型システムというわけにはいかなかった。そして、地球上に増殖した植物プランクトンは、廃棄物である酸素を体外にばらまいていったのである。

こうして、しだいに大気中の酸素濃度は高まっていったのだ。

意外に思われるかも知れないが、酸素は、あらゆるものを錆びつかせてしまう恐ろしい毒性物質である。鉄や銅などの頑強な金属でさえも酸素にふれると錆付いてボロボロになってしまう。もちろん、生命を構成する物質も、酸素にふれると錆びついてしまう。植物による大気中の酸素濃度の増加は、環境汚染でもあったのだ。

†酸素が引き起こした進化

しかし、植物によって大気中に放出された酸素は、地球環境を大きく変貌させ、結果的に生物の進化に劇的な変化をもたらした。

酸素は地球に降り注ぐ紫外線に当たるとオゾンという物質に変化する。植物プランクトンによって排出された酸素は、やがてオゾンとなり、行き場のないオゾンは上空に吹き溜まりとなって充満した。こうして作られたのがオゾン層である。

ところが、このオゾン層は生命の進化にとって思いがけず重要な役割を果たした。かつて地球には大量の紫外線が降り注いでいた。紫外線は、DNAを破壊する作用があり、生物にとって脅威的な存在である。殺菌に紫外線ランプが使われるのもそのためだ。

ところが、酸素が作りだしたオゾンには紫外線を吸収する作用がある。植物が作りだした廃棄物が蓄積したものであるはずのオゾン層は、地上に降り注いでいた有害な紫外線を遮ってくれるようになったのである。これによって、海の中にいた生物が、地上へ進出することができるようになったのだ。それだけではない、高まる酸素濃度の中で、毒性のある酸素を体内に取り込む生物が登場したのである。これが、私たち酸素呼吸をする生物の祖先である。

酸素は毒性がある一方で、爆発的なエネルギーを生み出す力がある。酸素を取り込むことによって、これらの生物は活発に動き回ることができるようになった。さらに豊富な酸素を利用して丈夫なコラーゲンを作り上げ、体を巨大化させていったのである。

これらの生物は、酸素を取り込んで呼吸をして、エネルギーを作りだし、その廃棄物として二酸化炭素を放出する。

こうして植物が排出した酸素を利用する生物が出現したことによって、地球上の酸素は循環するようになったのである。

†活性酸素の登場

閑話休題。

植物が作りだした酸素は、地球の環境を大きく変貌させ、そして、生物の進化に影響を与えた。酸素はもともとあらゆるものを錆びつかせてしまう毒性物質であるが、この酸素をさらに錆び付かせやすいように毒性を高めたものが活性酸素である。

植物は、この活性酸素を武器として用いる。

病源菌の存在を感知した植物の細胞は、直ちにこの活性酸素を大量に発生させて病原菌を攻撃するのである。この活性酸素の発生はオキシデイティブバースト（酸素の大爆発）と呼ばれている。

かつてはこの活性酸素は攻撃力の高い武器だったと考えられている。しかし、病原菌が進化を遂げた今日では、この武器はあまりに古典的である。この活性酸素の発生でひるむような病原菌はない。しかし現在でも、異常なまでの活性酸素の大発生は、攻撃にこそならないとはいえ、防衛システムにとって重要な役割を果たしている。じつは、活性酸素の大量発生は、緊急事態の深刻さを周囲に伝える信号となる。そして、周囲の細胞は緊急配備を整えるのである。

活性酸素の発生を感じた周囲の細胞は、病原菌の襲来に備えて細胞壁の壁面を固くして防御力をあげる。そして、抗菌物質を大量に生産して、病原菌との戦いに備えるのだ。

ただし、細胞壁を固くしたり、抗菌物質を生産するには時間が掛かる。そのため、準備が整う前に病原菌が細胞の中に侵入してしまうこともある。そのときは、植物の細胞も最終手段に打って出る。いよいよ最終決戦である。

†決死の作戦

いよいよ病原菌に攻め込まれた植物細胞のとった最後の手段。それは敵もろともの自爆である。病原菌に侵入された細胞は、自ら死滅するのである。

病原菌の多くは生きた細胞の中でしか生存できないから、細胞の死滅とともに、細胞内に閉じ込められた病原菌も死に絶えてしまう。こうして、細胞は自らの命と引き換えに、植物体を死守するのである。

傍目に見ると、病原菌に侵入されて細胞が死んでしまったようにも見えるがそうではない。病原菌の中には、植物細胞を侵して殺してしまうものもあるが、多くの病原菌は生きた細胞から栄養分を奪って生きているから、侵した植物が完全に死んでしまうと、かえって都合が悪い。細胞が死んでしまうのは、病原菌にやられて死んでしまったわけではなく、植物側のコントロールによって細胞が自ら死滅するのである。

この細胞が自ら死ぬ現象は、「アポトーシス」と呼ばれている。これは「プログラムされた死」という意味である。

このとき、実際に病原菌の侵入を受けた細胞だけでなく、まだ侵入を受けていない周囲の健全な細胞もアポトーシスを起こす。山火事のときに、それ以上、火が燃え広がらないように、まだ燃えていない木を切り倒して食い止めることがあるが、同じように病原菌が侵入した周囲の細胞を死滅させることで、病原菌の広がりを食い止めるのである。

植物の葉っぱを見ると、病原菌の攻撃を受けた葉っぱに斑点状の褐変が見られることがある。これは細胞が死滅して斑点状になったものである。ただし、実際には病気の症状によるものだけではなく、細胞が自殺して病原菌を封じ込めた跡であることも少なくないのである。

†戦い終わって

かくして自ら散っていった尊い細胞の犠牲によって、植物には再び平和が訪れた。まさに、ハッピーエンドである。

ところが、そうではない。

そういえば、この戦いの物語を始めたのは、植物が、人間の老化を防いだり、美肌にするような物質を持っている理由を説明するためであった。

じつは、植物と病原菌の戦いの物語には、続きがあるのである。

植物は、病原菌と戦うために、大量の活性酸素を発生させる。そして、見事、病原菌を撃退させた後に、大量の活性酸素が残されるのである。活性酸素は毒性の強い物質である。残された活性酸素は、植物に対しても悪影響を及ぼすから、残された活性酸素を取り除かなければならない。

そこで、登場するのが、植物が持つポリフェノールやビタミン類などの抗酸化物質なのである。これらの抗酸化物質は、速やかに活性酸素を除去する効果がある。

活性酸素は、人間の体内でも産生される。これらの活性酸素は、細胞を傷つけ、さまざまな症状を引き起こす。植物の抗酸化物質は、この人間の活性酸素もきれいに片づけてくれるのである。

もちろん、人間の体も活性酸素を消去させるシステムを持っている。しかし、活性酸素を発生させたり除去させたりを頻繁に繰り返す植物は、格段に抗酸化物質の種類や量が多い。そのため、植物の抗酸化物質の助けを借りることで、人間は健康を保つことができるのである。

†さまざまな効果を持つ植物の物質

それだけではない。さらに植物由来の成分には特徴がある。植物が作り出す成分は、多機能なものが多いのである。

病原菌と戦うために、植物はさまざまな抗菌物質や抗酸化物質を作りだす。しかし、これらの化学成分を作りだすためには原料や、合成のためのエネルギーなどコストが必要となる。本来であれば成長に使いたい栄養分やエネルギーを原料として利用しなければならないのである。必要以上に病原菌との戦いにばかり目を向けていれば成長が鈍くなる。そうなると植物と植物の戦いに敗れてしまう。使うことのできる資源は限られているのだ。

そこで、植物は一つで複数の機能を持たせる一石二鳥、一石三鳥の物質を作り上げる。

たとえば、アントシアニンは活性酸素を除去する抗酸化物質である。ところが、アントシアニンは抗菌活性もあわせ持っている。

それだけではない。アントシアニンには水に溶けて浸透圧を高めて、乾燥時の細胞の保水力を向上させたり、低温時の凍結を防ぐ機能がある。

さらに、アントシアニンは赤紫色に発色する色素としての特徴もあるので、この特徴を利用して、花びらを染めて花粉を運ぶ虫を惹きつけたり、果実を染め上げて種子を運ぶ鳥も惹きつけたりすることにも使われる。バラの花の赤色やブドウの果実の紫色もアントシアニンの働きだ。また、この色素は紫外線を吸収する働きがあるので、植物の体を紫外線から守る働きもある。いったい一石何鳥になるだろう。

このアントシアニンに代表されるように、植物が利用している成分は、何役にも使える多機能な成分が多い。この多機能な成分が、人間の体内でも思いがけずさまざまな有用な働きをすることが期待できるのである。

†悪魔に乗っ取られた植物

新約聖書「マタイ伝」第一三章にドクムギという植物のはなしが登場する。

ドクムギは「毒麦」である。その名のとおり、毒があるので、誤って家畜が食べると中毒を起こしてしまう被害の大きい深刻な雑草である。マタイ伝によれば、ドクムギの種は、人々が眠っている間に悪魔が畑に播いているのだという。

ところが、このドクムギも、よくよく調べてみると、もともとは有毒植物ではないらしい。それなのに、どうして家畜が食べると中毒を起こしてしまうのだろうか。

ドクムギ

じつは、毒のあるドクムギは、*Neotyphodium* 属の糸状菌の感染を受けている。この菌が毒素を出しているのである。

ドクムギに感染した菌は、自分が住みかとしている植物が動物に食べられないように毒性のある物質を生産している。そして、居心地のよいすみかを守ろうとしているのである。

それにしても、こんな毒を出すような菌に感染されて、ドクムギは大丈夫なのだろうか。

†悪魔の契約

感染して勝手に棲みついたばかりか、毒を生産する菌。ところが、考えてみるとこの菌はドクムギにとっても、じつに都合が良い。植物自らが毒成分を生産しようとすれば、それなりにコストが掛かる。

それよりも、この菌が身を守ろうと毒を生産してくれれば、植物自身の体も家畜に食べられることなく守られることになるのだ。少しばかり菌に栄養分を取られたとしても、家畜にバリバリ食べられることを思えば、その方が良いのではないだろうか。

かくして、ドクムギはこの毒を作る菌を体内に棲まわせて、共存する道を選んだのである。

ドクムギは、菌のために棲みかを与え、菌の方はせっせと毒を作り、植物の身を守る。この持ちつ持たれつの共生関係を築いたのである。

この菌は、はるか昔から、ドクムギの体内に住み着いていた。この菌は種子にも感染するので、一度感染すれば子々孫々に到るまで感染を受け続けることになる。四四〇〇年前のファラオの墓から発見されたドクムギの種子は、すでに菌が感染していたという。

このドクムギの例は、けっして特殊な事例ではない。このように、毒物質を生産する菌を植物体内に取り込んでいる例は少なくない。

このように、もともと植物が体内に棲まわせている微生物は、一般にエンドファイトと呼ばれている。エンドファイトはギリシャ語で「中」を意味する「エンド」と「植物」を意味する「ファイト」の合成語で「植物の体内」という意味である。日本語では、「植物内生菌」と呼ばれている。

どちらが操っているのか

エンドファイトは植物の体内に棲んでいる微生物の総称で、特定の種類を指す言葉ではない。エンドファイトと呼ばれる微生物の中には菌だけでなく、細菌も含まれ、じつにさまざまな種類がある。

植物に感染する微生物には、大きく分けて菌類と細菌類とがある。

菌類はカビの仲間である。細菌類に対して、菌類は「本当の菌類」という意味で「真菌」と呼ばれることもある。身近なところでは、発酵食品に使われる酵母菌や水虫の原因となる白癬菌が、菌類の仲間である。

一方、細菌は「細かい菌」の名のとおり、菌類に比べて小さい。細菌類は一つの細胞だけからなる単細胞生物である。バクテリアという呼び方をすることもある。細菌類には、身近なところでは、乳酸菌や大腸菌、納豆菌などがある。

ちなみに病気を引き起こすものには、これ以外にウイルスがあるが、ウイルスは生物には含まれていない。ウイルスは自らは細胞を持たずに、他の生物の細胞を借りて増殖するが、生物は自己増殖すると定義されていることから、自分の力だけでは増殖できないウイルスは生物に含まれないのだ。

エンドファイトと呼ばれる微生物の中にも実際には、菌類や細菌類の両方がある。

これらの微生物は、ドクムギに見られたように毒を作るだけでなく、さまざまな生理活性物質を作りだし、有用な作用を植物体内で引き起こす。

たとえば、動物に食べられないための毒だけでなく、昆虫を忌避して害虫を避けるような物質を作りだすエンドファイトもある。

†植物自身も強くする

エンドファイトがあることによって、植物自身が思わぬ能力を発揮することもある。

共生していると言っても、エンドファイトも植物体内に侵入した微生物である。そのため、植物は適度に刺激を受けて、防衛システムを準備させるのである。

もちろん、防衛システムを稼働させ続けていると、エネルギーを消耗して植物も疲れてしまう。しかし、エンドファイトからの刺激によって、植物はいつでもすぐに防衛システムを立ち上げられるように待機状態にするのである。

これによって、外部から病原菌がやってきた場合に、速やかにしかも力強く防衛システムを働かせることができるのである。ちょうど、私たちがインフルエンザウイルスに対抗するために、弱毒性のインフルエンザワクチンを接種するのと同じである。

また、病害に対する防衛システムは、乾燥などの環境耐性のシステムと共通する部分が多い。そのため、エンドファイトが感染することによって、植物が乾燥に強くなるという効果も起こる。

もちろん、このような効果をもたらすことは、植物の体内に棲むエンドファイトにとっても悪いことではない。エンドファイトも、自分が棲んでいる植物が、他の病原菌や乾燥で枯れてしまうと、自らも死んでしまうことになる。そのため、自分が棲んでいる植物に力を与え、植物を強くすることは、とても意味があるのである。

†微生物と共生する

このような微生物との共生は、けっして特殊な例ではない。

じつは、植物はごく普通に菌類と共生をしている。

植物の成長に必要な三要素は、窒素、リン酸、カリウムである。ところが、植物の根は、この大切なリン酸を、直接吸うことができない。リン酸は、土の中の鉄分やアルミニウムと結合しているので、リン酸だけを吸うことができないのである。

そこで、多くの植物はアーバスキュラー菌根菌という菌の助けを借りている。植物の根は、まるでストッキングをはいているかのように、菌糸で包まれている。この菌糸がアーバスキュラー菌根菌である。この菌の助けによって、植物はリン酸を取りだして、吸収しているのである。また、菌糸が水分を吸収するので、植物も水分を効率良く吸収することができる。そのため、植物はアーバスキュラー菌根菌の助けによって乾燥に強くなるのである。

それにしても根で水を吸ったり、栄養分を吸収するという基本的な働きが、菌の助けを借りているというのは驚きである。この共生の歴史は古く、水中に生息していた植物が地上に進出するときに、この共生を獲得していたと考えられている。

菌と植物との関係は戦いの歴史であると同時に、共生の歴史でもあったのである。

†根粒菌との共生

植物と微生物の共生というと、マメ科植物と根粒菌との関係が有名である。

マメ科の植物の根っこを引き抜いて見ると、数ミリの大きさの丸いコブのようなものがたくさんついている。このコブは、根粒と呼ばれていて、コブの内部には根粒菌というバクテリアが棲んでいるのである。マメ科植物は、この根粒菌との共生によって空気中の窒素を取り込むという特殊な荒業を成し遂げている。

窒素は植物の体の材料となる物質であり、植物の成長に欠かせない元素である。一般に、植物は土の中の窒素分を吸収して利用している。しかし、やせた土地では、土の中にある窒素は限られている。

一方、窒素は地球の大気の七八％を占めている大気の主成分である。もし、空気中の窒素を利用することができれば、もはや窒素の確保に苦労することはなくなるのだ。

マメ科植物は、根粒菌との共生によって、この夢を実現した。根粒菌は空気中の窒素を取り込む能力を持っている。この根粒菌を体内に棲まわせることによって、大気の主成分である窒素を獲得することを可能にしたのである。

植物は根粒菌に棲みかと栄養分を与え、根粒菌は空気中の窒素分を固定して植物に与える。マメ科植物と根粒菌とは見事に持ちつ持たれつの関係を築いている。このようにお互いに利益のある関係が「共生」と呼ばれているのである。

†血のにじむ努力

マメ科植物と根粒菌の、この共生関係が簡単に築かれたわけではない。じつは、マメ科植物と根粒菌が共生するためには、一つの深刻な問題があったのだ。

根粒菌が空気中の窒素を取り込むには多大なエネルギーが必要となる。そのエネルギーを生み出すために根粒菌は酸素呼吸をするのである。ところが、窒素固定に必要な酵素は逆に酸素があると活性を失ってしまう。このように、酸素は必要なものの、酸素があると困ってしまうのである。

そのため、呼吸のための酸素を運び、余分な酸素はすばやく取り除かなければならないことになる。この問題を解決するために、マメ科植物は大量の酸素を効率よく運搬するレグヘモグロビンという物質を身につけたのである。

私たち人間の血液中にある赤血球はヘモグロビンという物質を持っていて、肺から体中の細胞へ効率よく酸素を運んでいる。マメ科植物が持つこのレグヘモグロビンは、人間のヘモグロビンとよく似た性質を持つ物質である。

驚くことに、マメ科植物の新鮮な根粒を切ってみると、血がにじんだようにうす赤色に染まる。これがマメ科植物の血液、レグヘモグロビンなのである。根粒菌との共生を実現するために、マメ科植物はついには血液まで手に入れたのだ。これこそ血のにじむ努力というのだろうか。

レグヘモグロビンを手に入れたことによって、マメ科植物と根粒菌は共に生きることが可能となった。まさに血の契りを交わしたマメ科植物と根粒菌の共生関係である。

この共生関係は、どのように築かれたのだろうか。

意外なことに、根粒菌がマメ科植物と共生する過程は、病原菌が植物に感染する過程とよく似ているという。そのため、根粒菌とマメ科植物の最初の関係は敵対関係から始まったと考えられているのだ。

もともと根粒菌は、病原菌として感染しようとマメ科植物の根にやってきた。もちろんマメ科植物の方も感染されまいと激しく抵抗したはずである。そして、病原菌と植物とが激しい戦いを繰り広げた結果、どうやら戦いあうよりも、協力しあった方がお互いのためにいいということになったのだろう。そして共生関係を築くに到ったのだ。

†マメと根粒菌の出会い

マメ科植物は生長の過程で根粒菌を根に棲まわせる。このマメ科植物と根粒菌との出会いは、どのように行われるのだろうか。

根粒菌はマメ科植物が根から出すフラボノイドという物質を頼りに、根毛の先端にたどりつく。すると、根粒菌は、植物に対してある種の物質を出すのである。これは、病原菌が植物に対してエリシターを出すのとまったく同じである。通常であれば、この物質を感じて、植物は防衛システムを稼働させるはずである。

ところが、根粒菌に対するマメ科植物の反応は違う。根粒菌からの物質を認識したマメ科植物の根は、あたかも根粒菌を温かく迎え入れるかのように、丸く変形して根粒菌を包み込む。すると根粒菌は、マメ科植物に応答し、導かれるように、細胞分裂を繰り返しながら、根の奥へと進入していくのである。

このとき、不思議な現象が起こる。マメ科植物の細胞は、根粒菌を導くかのように根の中に筒状の通り道を作っていくのだ。まさに、根粒菌を歓迎しているかのようだ。

そしてその頃、根毛の根元でも、根粒菌を迎え入れる準備がはじまっている。細胞が分裂をはじめ、根粒菌の滞在するための部屋となる根粒を作る準備をするのである。

驚くことに、マメ科植物の根に見られる根粒は、根粒菌が作るのではなく、植物自身が根粒菌のために準備する。そして、根粒菌が到着すると、根粒菌は根粒の中で増殖して、窒素固定を始めるのである。

一般に植物の根毛は水分や栄養分を吸収するためのものである。ところが、マメ科植物の場合は、根粒菌を迎え入れるために使われているのである。

†見せかけの友情

マメ科の植物と根粒菌との共生関係は、一見とても美しく見える。ところが、マメ科植物と根粒菌とが、仲良く共生しているかといえば、実際にはそうでもないらしい。

じつは、根粒菌には、不思議なことがある。

意外なことに、窒素固定菌は、ふだんは窒素固定など行わないのだ。窒素固定というのは、多大なエネルギーを必要とする大技である。そのため根粒菌は、ふだんは窒素固定などすることなく、落ち葉などを分解しながら質素な暮らしをしているのである。そんな根粒菌が、マメ科植物の中に入ると、大変身を遂げて、せっせと窒素固定を始めるようになるのである。

安全な棲みかや豊富な栄養分を与えてもらった根粒菌が、植物に恩返しするために、窒素固定を行うのだろうか。

すでに紹介したように、マメ科植物は根粒菌を迎え入れるために、根の中に通り道を作る。ところが、この通り道は最初から奥まで続いているわけではない。初めは、この通り道は途中で行き止まりになっているのだ。

じつは、マメ科植物は、すべての根粒菌を受け入れているわけではない。マメ科植物は、根粒菌が作りだす窒素の総量をこまめにチェックしている。そして、全体の窒素の量を見ながら、迎え入れる根粒菌の数を慎重に判断しているらしいのだ。

もし根粒菌によって十分な窒素が供給されているようであれば、それ以上新しい根粒菌を迎え入れる必要はない。その場合は、根の通り道をふさぎ、根粒を作らないのである。そして、窒素が足りなくなってくれれば、根の通り道を開き、必要な量の根粒菌を招き入れる。つまり、マメ科植物の根に入り込んだ根粒菌のほとんどは、奥まで招き入れられることはなく、マメ科植物のか細い根毛の中に閉じ込められているのである。

それだけではない。窒素固定能力の少ない根粒には、マメ科植物からの養分の供給がストップしてしまうらしい。

どうやら、マメ科植物が自分の体内におびき寄せた根粒菌をコントロールし、こき使って窒素固定をさせているのだ。何という恐ろしいことだろう。とはいえ、根粒菌だって病源菌として植物に感染してやろうとやってきた。そしてまんまと植物の体内に侵入したつもりだったのだから、文句も言えないだろう。

まさにやるかやられるか、である。

見た目は仲良く共生しているように見えても、まったく油断ならない。所詮はエゴイズムとエゴイズムのぶつかりあい、それこそが自然界の戦いなのである。

†共生によって植物が生まれた

病原菌は恐ろしい存在である。しかし、植物もやられっぱなしではない。

エンドファイトや根粒菌の例に見るように、あるときは植物は巧みに病原菌を懐柔して、

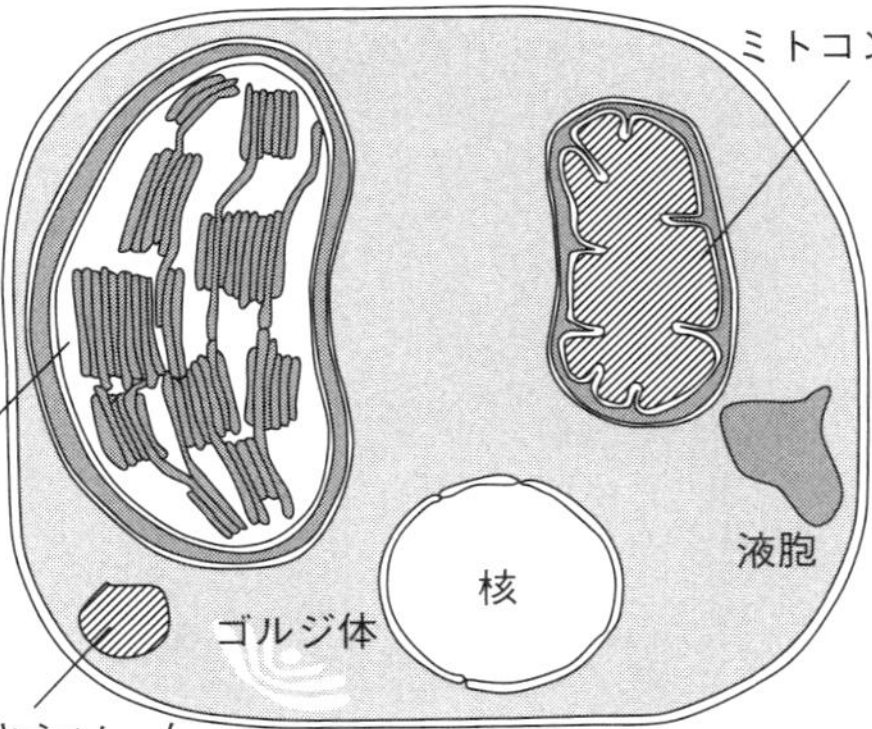

細胞の機能は共生によって作られた

どちらも得を見出せるような妥協点で共生を図ってきた。そして、自らのシステムに微生物の働きを巧みに取り込んできたのである。

じつは　そもそも、「植物」という存在そのものが、微生物との共生によって生まれている。

植物の細胞には、光合成を行う葉緑体という細胞内器官がある。ところが、葉緑体には不思議なことがある。

DNAは、細胞の中の核の中にあって、核が分裂することによって、細胞が分裂していく。ところが、葉緑体の中には、核とは別の独自のDNAを持っている。そして、細胞分裂とは無関係に、勝手に分裂して増えているのである。まるで、葉緑体自身が一つの生物であるかのようである。

じつは、葉緑体は、もともと独立した生物だったと考えられている。

葉緑体は、光合成を行うシアノバクテリアと呼ばれる細菌であった。このシアノバクテリアが、単細胞生物の中に取り込まれて共生するようになったと考えられているのである。これが、現在、考えられている「細胞共生説」である。

後に葉緑体となるシアノバクテリアは、光合成を行い、細胞に糖分を供給する。そして、その代わりに細胞の中で守られながら、細胞内のたんぱく質を使って増殖することができるのである。しかし、細胞とシアノバクテリアは、どのようにしてこのような共生の仕組みを手に入れたのだろうか。

もともとシアノバクテリアは、細胞に感染するために侵入を図ったとされている。あるいは、逆に単細胞生物がシアノバクテリアを食べようとしたという考え方もある。いずれにしても、シアノバクテリアと単細胞生物は敵味方であった。今となっては、どちらが攻めで、どちらが守りかはわからないが、そこには、激しい攻防戦があったはずである。そして、その結果、戦い合うよりも、共生した方がお互いのために得だということになったのである。

†さらなる共生

このような共生は、葉緑体だけではない。

細胞の中には、酸素呼吸を行い、エネルギーを生み出すミトコンドリアという細胞内器官がある。ミトコンドリアもまた、葉緑体と同じように独自のＤＮＡを持っている。ミトコンドリアもまた、葉緑体と同じようにもともとは、独立した生物だったと考えられているのである。

ミトコンドリアは、植物細胞だけでなく、動物細胞にもある。人間の体の中にもある酸素呼吸をしてエネルギーを作りだすミトコンドリアは、現在の生物の体になくてはならないものなのである。

じつは、ミトコンドリアが細胞に取り込まれて共生を始めたのは、葉緑体となるシアノバクテリアが細胞と共生を始めたよりも早かった。

光合成を行うシアノバクテリアが地球に誕生したのは、今から二十七億年前であるとされている。それまでの微生物は、わずかな有機物を分解して、栄養分を生みだして生きていた。ところがシアノバクテリアは、太陽の光があれば、水と二酸化炭素のみを原料として栄養分を作りだすことができる。そのため、シアノバクテリアは一気に地球上に広がっていったのである。

光合成は水と二酸化炭素から糖分と作りだすが、そのときに副産物として酸素を排出する。

もともと酸素は、すべての物を錆びつかせてしまう猛毒である。シアノバクテリアは猛毒の酸素をまき散らし、地球の環境を変えてしまったのである。

ところが、地球の酸素濃度が高まってくると、有毒な酸素を利用して爆発的なエネルギーを生み出すバクテリアが誕生した。これが、ミトコンドリアの祖先である。

このミトコンドリアが、単細胞生物と共生することによって、酸素呼吸を行う単細胞生物が生まれた。そして、ミトコンドリアから供給される莫大なエネルギーを利用して、発展を遂げるのである。それが、現在の動植物の祖先となった生物であると考えられている。

このようにミトコンドリアと共生した生物の一部が、次にシアノバクテリアと共生して葉緑体を手に入れた。こうして、ミトコンドリアのみを持つ動物と、ミトコンドリアに加えて葉緑体を持つ植物が誕生したのである。

†あなたという名の生態系

菌や細菌と共生し、その助けを借りて生きているのは奇妙な気がするかもしれないが、そんなことはない。じつは人間の体も共生によって作られている。

私たちの体の細胞の中にも、独自のDNAを持ったミトコンドリアがある。その細胞が六十兆個も集まって、私たちの体は作られているのである。

それだけではない。

私たちの体の中には、たくさんの生きものが住んでいる。たとえば、私たちの腸の中には大腸菌や乳酸菌などの腸内細菌が住んでいて、食べ物を分解している。一人の人間の腸の中に住む腸内細菌は三百種類以上もあり、その数は百兆個以上にも及ぶとされている。こんなにもたくさんの生命が私たちの体の中で暮らしているのである。これらの腸内細菌なしに、私たちは生きていくことができない。

さらに、私たちの人間の肌の上には無数の皮膚常在菌がたくさん暮らしている。これらの菌が、病原菌が皮膚から体内へ侵入しようとするのを防いでくれているのである。

私たちもまたたくさんの生命とともに生きている。まさに私たちの体は、それ自体が生命の息吹きにあふれた生態系のような存在なのである。

第４ラウンド

植物VS昆虫

ウマノスズクサとジャコウアゲハ

†毒殺の歴史

前章で紹介したように、植物と病原菌とのミクロの戦いは壮絶である。しかし、植物を襲う敵は病原菌だけではない。

植物にとって、もっとも恐ろしい敵は昆虫である。たとえば、葉を食い荒らすイモムシは、もっとも一般的な害虫の一つである。

何しろイモムシは片っ端から葉っぱをむしゃむしゃ食べまくる。病原菌に比べると、体もすこぶる巨大で、大怪獣のような存在だ。小さな病原菌に対しては細胞レベルでダイナミックな戦いを展開できたが、相手はあまりに巨大な敵である。とても細胞が自殺するようなミクロな戦いでは撃退できる相手ではない。

人間の歴史を遡れば、まともに戦えばとても勝つことのできない強大な敵に対して、力を持たない者が取りうる一つの手段がある。毒殺である。強大な権力者が謎の死を遂げる。歴史書には記されないが、その陰には毒殺が少なからずあることだろう。

植物にとっても、選んだ手段は同じだった。力を持たない植物が、強大な敵である害虫を倒すために、最初に考えられる方法が毒殺なのである。かくして植物はありとあらゆる毒性物質を調合し、身を守っているのである。

植物の化学兵器

「毒」というと、何とも物騒な気がする。

植物には毒草もあるが、有毒植物は少ないのではないかと思う方もいるだろう。

確かに、「毒」という表現は、やや強すぎるかも知れない。何しろ、それらの化学物質は昆虫を撃退するためのものだから、人間にとってはごく弱いか、無害なものがほとんどなのだ。

たとえば、ミントなどのハーブの香りは、もともとは昆虫を撃退するための物質である。植物は、何も人間をリラックスさせるために、わざわざ香っているわけではない。しかし、昆虫にとっては毒でも、体の大きい人間にとっては、適度に感覚神経を刺激して、リラックスさせてくれる効果があるのである。

タバコの成分であるニコチンは、もともと害虫から身を守るための物質である。ニコチンも摂取しすぎれば人間にも害を与えるが、少量であればリラックス効果がある。

あるいは、野菜の持っているえぐみや、辛味、苦味なども、元をたどれば、植物が害虫から身を守るための成分である。たとえば、ホウレンソウのえぐみの原因となるシュウ酸も、本来は防御のための物質である。また、ワサビやタマネギの辛味成分も植物の化学兵器である。ただ、ワサビやタマネギは化学兵器に少し工夫を加えている。

ワサビの持っている化学兵器はシニグリンという物質である。じつは、シニグリン自体には辛味がない。ところが昆虫が食害して細胞が壊れると、細胞内のシニグリンが細胞の外にあった酵素によって化学反応を起こし、アリルからし油という辛味成分を生産するのである。ワサビは細かくすりおろすほど辛くなるのは、それだけ細胞が壊れるからなのだ。

また、タマネギの化学兵器アリシンも、細胞が壊されると細胞外にある酵素によって、辛味成分アリシンを作り出す。タマネギを切ると涙が出るのはアリシンが揮発しているためなのだ。

昆虫を撃退するような危険な成分を常に保有しているのは、植物にとっても気持ちの良いものではない。そこで、ワサビやタマネギは昆虫に食害されたときに初めて防御物質を瞬時に作り出して、敵を攻撃するようなしくみになっているのである。

†ヨーロッパで窓辺に花を飾る理由

ヨーロッパを旅すると、古い町並みの建物の窓辺に鉢植えの花が飾られているのをよく見かける。そして、美しく飾られた窓辺によって、ヨーロッパの美しい町並みが作られているのである。

この窓辺によく飾られている花がゼラニウムである。ゼラニウムは、単に街を彩るために飾られているわけではない。ゼラニウムが飾られるのには理由がある。ゼラニウムは、香りがあり、虫が嫌がる。そのため、家の中に虫が入ってこないように、虫よけのために窓際に飾られたのである。

窓辺のゼラニウム

また、虫を退けることから、ゼラニウムは、窓から邪気が入ってこないように家を守る魔除けとしての役割も担っていた。

もちろん、ゼラニウムの香りが虫を寄せ付けないのも、ゼラニウム自身が身を守るためである。

このように、多くの植物が工夫の限りを尽くして、さまざまな化学兵器をそれぞれ作り上げている。しかし、昆虫の方もそんなことでは、へこたれてはいられない。何しろ植物を食べなければ、自分が死んでしまうのだ。そのため、植物たちがさまざまな化学兵器を作り上げているが、昆虫たちは、それを克服し、植物を食害しているのである。

✝蓼食う虫も好き好き

「蓼食う虫も好き好き」という諺がある。

タデという植物は、とても辛味がある。しかし、そんなタデでさえも、ちゃんとそれを食べる害虫がいる。そのように、人の好みはさまざまであるという意味である。

植物はさまざまな物質で身を守っているが、必ずと言っていいほど、その植物を害する昆虫が存在する。しかも、昆虫の中には、特定の種類の植物しか食べないという偏食家が多い。

たとえば、モンシロチョウの幼虫のアオムシは、キャベツなどアブラナ科の植物だけを食べる。他の植物は食べることができないのである。同じように、アゲハチョウの幼虫は、ミカンなどの柑橘類だけをエサにしている。一方、アゲハチョウの仲間でもキアゲハは、

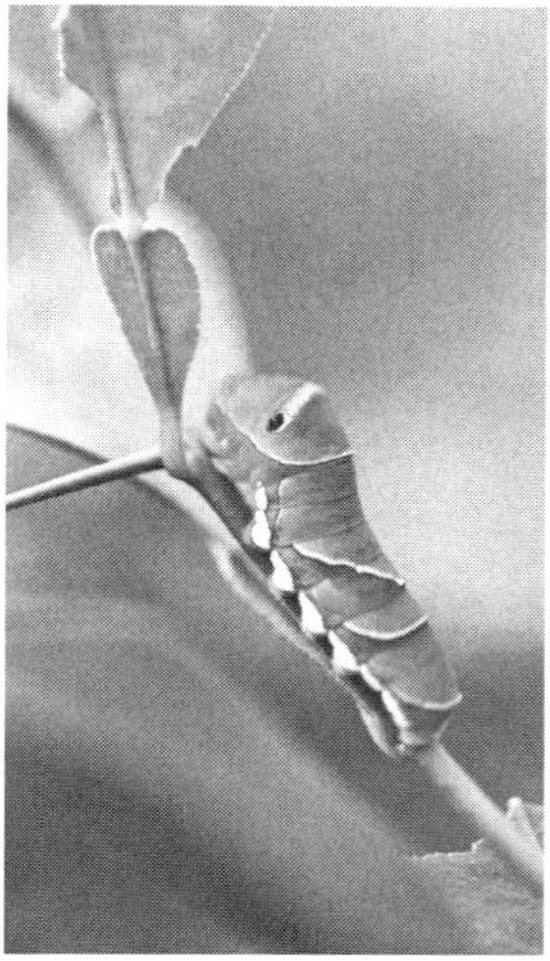
アゲハチョウ

モンシロチョウ

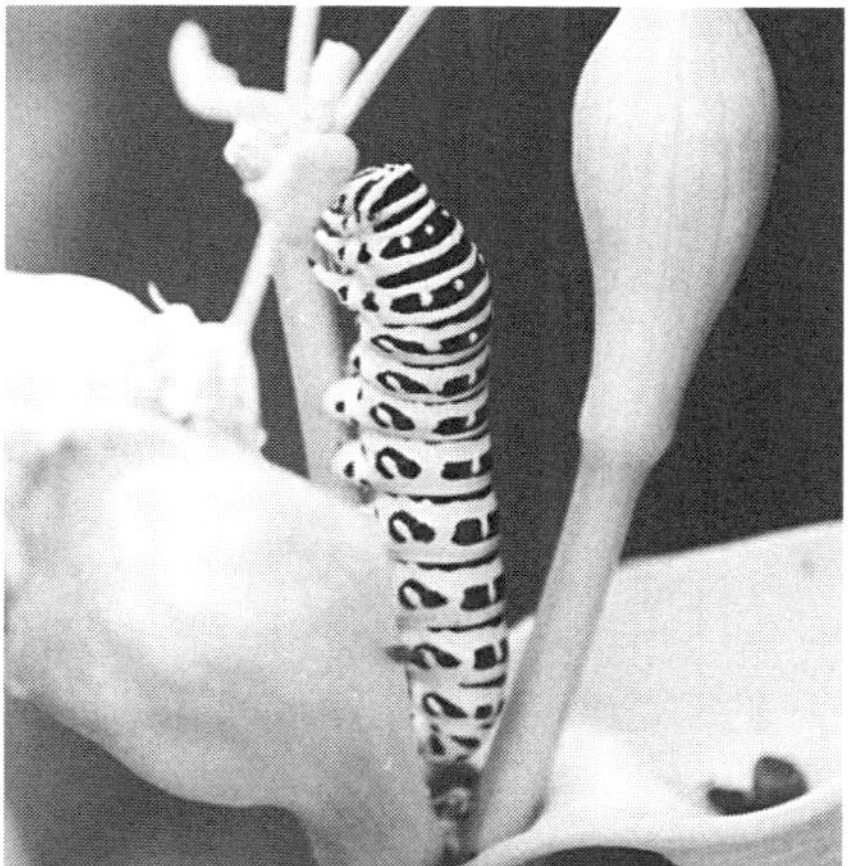
キアゲハ

ニンジンやパセリなどセリ科の植物しか食べることができない。

このように、昆虫の中には決まった植物しか食べられないものが多い。

どうして、昆虫たちは、こんなにも偏食家なのだろうか。

すべての植物は、昆虫に食べられないように毒を作り、それに応じて昆虫はその毒に対応して進化していく。すると植物はさらに新たな毒を作り、昆虫はその毒に対応する。もう、こうなると乗りかかった舟、今さら新しい植物に手を出して一から突破する方法を組み立てるよりも、少し工夫して今まで食べてきた植物を食べる方が早い。そして、昆虫は植物の防御を突破し、一方の植物も再び新たな防御法を作る。この繰り返しによって、ある植物とある昆虫が一対一のライバル関係のように進化していくのである。

こうなると他の昆虫は置いてけぼりである。他の昆虫たちは、とても進化した防御システムを突破することはできない。そして、ずっと戦いを繰り返してきたライバルとなる昆虫だけが、まさに戦いの最中の段階にあって、かろうじてその植物を食べることができるのである。

このように一対一の関係で、進化が進んでいくことは「共進化」と呼ばれている。

†毒を利用する悪いやつら

ところが、世の中には悪知恵がはたらく生き物もいるものである。植物がせっかく作った毒を、逆に利用する悪いやつまで現れた。

ウマノスズクサは、アリストロキア酸という毒成分で身を守っている毒草である。驚くことにジャコウアゲハというチョウの幼虫は、この毒草をエサにしているのだ。そして、あろうことか、ジャコウアゲハはウマノスズクサの毒を、自らの体内に蓄えてしまうのである。捕食者である鳥は、この毒のせいでジャコウアゲハの幼虫を食べることはない。

こうしてジャコウアゲハは、ウマノスズクサの毒で身を守るのである。

毒は身を守るのに最高の防御物質だが、毒を作りだすことは簡単ではない。そこで、ジャコウアゲハは、ウマノスズクサが苦労して作り上げた毒を横取りしてしまうのである。ウマノスズクサは、自分の身を守るために毒成分を生産した。それなのに、好き放題食べられた挙句に、せっかく作った毒まで取り上げられてしまうのだから、本当にやりきれないだろう。

そして、ジャコウアゲハは体内に溜めた毒に守られながら、のうのうと葉を食べ続けるのである。芋虫にとって天敵は鳥である。そのため、一般に芋虫の類いは、葉の裏に隠れながら葉を食べていたり、昼間の間は隠れていて、暗くなってから這い出てきて葉を食べたりする。ところが、毒で守られたジャコウアゲハは鳥に襲われる心配がない。そのため、昼間から葉の上で堂々と葉を食べているのである。

また、ふつうの芋虫は、葉と同じ緑色をしていて身を隠しているが、ジャコウアゲハは違う。黒色に赤い斑点という目立つ色で、自分の存在をアピールしている。警戒色と言われるが、食べられるものなら食べて見ろとばかりに鳥に見せつけているのである。

†徹底的に利用する

こうしてウマノスズクサから奪った毒をジャコウアゲハが簡単に手放すはずがない。憎たらしいことに、ジャコウアゲハは成虫になっても、幼虫のときに蓄えた毒成分を持ち続けている。そして、ジャコウアゲハの成虫も黒い羽に赤い斑点という毒々しい警告色をしているのである。

ジャコウアゲハは他のチョウと比べると、ひらひらとゆっくりした羽の動きで悠々と空を飛んでいる。これも、他のチョウと誤って食べられないように、わざと目立たせて有毒なチョウであることを鳥にアピールしているのである。

それだけではない。ジャコウアゲハは次世代の卵を産むときに、卵の表面に毒成分を塗り付けて、ウマノスズクサに産み付ける。そして、卵から孵った幼虫は、まず自分の卵の殻を食べ毒を手に入れる。そしてその後は、毒草のウマノスズクサを食べて毒を補給していくのである。こうして、体内に取り入れたウマノスズクサの毒を、生涯を通じてフル活用しているのである。

ジャコウアゲハは、別名を「お菊虫」という。

怪談「播州皿屋敷」で、大事な皿の一枚を割った冤罪で、お菊さんは惨殺されて井戸に放り込まれる。そして夜な夜なお菊さんの幽霊が、恨めしそうに皿の枚数を数えるようになるのである。その古井戸に、うしろ手に縛られた女性の姿をした不気味な虫がたくさん出現した。それが、お菊虫である。しかし、お菊虫の方は、皿が足りないと泣いているどころではない。まさに毒食わば皿までである。

本当に恨めしいと思っているのは、お菊虫の異名を持つジャコウアゲハではなく、間違いなく、ウマノスズクサの方だろう。

†臭いにおいも効き目なし

ヘクソカズラも毒成分で身を守る植物である。

ヘクソカズラの名前は「屁」と「糞」に由来している。つまり、「屁糞かずら」なのである。

ヘクソカズラの名前の由来は、悪臭を放つことによる。この臭い成分がペテロシドと呼ばれる物質である。このペテロシドは硫黄化合物の一種で、分解するとメルカプタンという臭いにおいのする揮発性のガスになる。こうして身を守っているのである。

ところが、これだけ臭いにおいで身を守っているにもかかわらず、ヘクソカズラには害虫が色々とついている。ヘクソカズラヒゲナガアブラムシという長い名前のアブラムシも、ヘクソカズラにつく害虫の一つである。

やっかいなことに、このアブラムシは、悪臭成分をものともせずにヘクソカズラの汁を吸ってしまう。それどころか、このアブラムシは、悪臭成分を自らの体内に溜めこんでしまうのだ。こうして、アブラムシは外敵から身を守るのである。

アブラムシの天敵はテントウムシである。しかし頼みのテントウムシも、臭いにおいの

ヘクソカズラ

するアブラムシは食べようとしない。臭いにおいで身を守るというヘクソカズラの戦略は完全に裏目に出てしまっているのである。

アブラムシは、目立たないように植物と同じ緑色をしているものが多いが、このアブラムシはよく目立つピンク色をしている。こうして、そのまずさを誇示しているのである。

まさに、ジャコウアゲハがよく目立つ色をしていたのと、まったく同じである。

植物にとって昆虫は敵として手強い。昆虫は世代交代が早いため、さまざまな発達を遂げやすい。そのため、せっかく苦労して強力な毒成分を蓄えても、ついには毒成分に対する対応策を発達させて、防御システムを突破してしまうのだ。毒で撃退するという手段では、昆虫の攻撃を避けることはできない。それでは、どうすれば良いのだろうか。

その方法こそが、強い毒ではなく、逆に弱い毒を使うという方法なのである。

†弱い毒を使う

完全に昆虫の攻撃を防御しようとすると、昆虫の方も本気になってその防御を破ろうとしてくるから、最後には防御網は突破されてしまう。それればかりか、せっかく作った毒を逆に利用されてしまったのでは、やりきれない。

それでは植物はどうすれば良いのだろうか。

完全にやりこめようとするよりも、少しは食べられても、やられたふりをしながら被害が大きくならないように食い止める方が現実的である。そこで、植物はいくつかのアイデアで対抗している。

その一つが昆虫の成長を促進させることにある。

イノコヅチという植物には、昆虫の脱皮を促す成長ホルモンのような物質が含まれているという。脱皮をさせて昆虫の成長を手伝うことは、ずいぶん昆虫にとってありがたいことのように思える。どうして、植物は憎らしい害虫のために、親切にもそんな物質を作らなければならないのだろう。

じつは、これこそがイノコヅチの高度な作戦である。

イノコヅチの葉を食べるイモムシは成長の過程で何度か脱皮を繰り返して成虫になる。ところが、この物質を食べると体内のホルモン系が攪乱を起こし、大して体も大きくならないうちに脱皮を繰返して早く成虫になってしまうのだ。こうして、葉っぱの上で過ごす成長期間を短くすることでたくさん食べられるのを防ごうというのである。いやなお客は、さっさとお土産を渡して早々と帰ってもらおうということなのである。

ただ追い払おうとすれば、昆虫の反撃に合う。そこで、昆虫に食べられるふりをして追い払っているのである。何とも手が込んだ方法である。

†食欲を減退させる

被害を大きくしないための植物の工夫には、他にも、昆虫の食欲を減退させる作戦もある。

渋柿やお茶の渋味の元となるタンニンも、昆虫の食欲を減退させる代表的な物質の一つである。しかも、タンニンと呼ばれる物質にはさまざまなものが含まれるが、タンニンの

ゲンノショウコ

中にはアントシアニンなど植物が生産する他の物質とよく似た構造のものも多く、比較的、生産しやすいものが多い。植物が根から吸いあげたり、光合成で作りだす栄養分には限りがあるから、昆虫を撃退させるためとは言っても、防衛予算には限りがある。そのため、どんなに効果のある物質であっても、生産するために多くの物質を原料として必要としたり、生産するのにエネルギーを使うようなものは使いづらい。多くの植物がタンニンを利用しているのは、生産しやすいという利点も大きいのだ。

タンニンは、たんぱく質などの物質と結合して凝集させる作用を持っている。湯呑みの内側を茶色くしてしまう茶渋もタンニンの作用である。

そしてタンニンには、昆虫が持つ消化酵素を変性させて、消化不良を起こさせる。こうして害虫の食欲を減退させて、葉を食べられないようにしようとしているのである。

このタンニンは、人間にとっては下痢止めの薬効がある。タンニンが食物のたんぱく質と結合し、収斂させて下痢を止めるのである。

フウロソウ科のゲンノショウコは、古くから下痢止めに用いられる薬草である。ゲンノショウコの名前は、薬効が確かなことを意味する「現の証拠」に由来するほどの薬草である。このゲンノショウコの薬効成分の一つがタンニンである。

昆虫の反撃

タンニンは前述のとおり植物にとってリーズナブルな防御物質である。

しかし、昆虫も負けてはいられない。昆虫の立場に立ってみれば、植物を食べなければ生きていくことができないのだ。食欲不振などとは言っていられない。

そこで、昆虫もさまざまな対応策でタンニンによる防御を乗り越えている。

たとえば、イボタガというイモムシは、自らの消化酵素の中にタンニンの作用を防ぐ物

ヌルデの虫こぶ

質を分泌している。こうしてタンニンの作用を抑えながら葉を食べ続けるのである。まさにイボタガの胃の中では、胃液を抑える胃腸薬と胃腸を活発にさせる消化薬を同時に飲んだような化学戦が、繰り広げられているのである。

そればかりか、ついにはこのタンニンさえも利用して身を守る昆虫が現れたから、昆虫というのは、本当に手強い。しかし、食欲を減退させるようなタンニンを、昆虫が利用するというのは、どういうことなのだろうか。

ヌルデシロアブラムシというアブラムシは、ヌルデの木の害虫である。

このアブラムシが春にヌルデの葉の汁を吸うと、刺激を受けたヌルデの植物体は異常肥大してアブラムシを囲むようにこぶ状になる。これは一般に虫こぶと呼ばれている。虫こぶは、昆虫から出される刺激によって、植物の細胞が本来の機能を失い、異常に増殖したり肥大したりしてコブ状になったものである。いわば植物のがん細胞のような存在である。

虫こぶが形成されるメカニズムについては明らかにされていないが、アブラムシが自分の住みかを植物体内に作るために、意図的に植物の細胞をコントロールして形成していると考えられている。虫こぶはアブラムシにとって、快適なすみかである。こうして、虫こぶに守られながら、アブラムシは虫こぶの中で子どもを生み続けるのである。

もちろん、ヌルデも対抗手段を講じる。防御物質であるタンニンを蓄積し、不法侵入者の撃退を図ろうとするのである。

タンニンは、食欲不振にするだけでなく、酸化して細胞を固くする作用がある。この働きによって虫に食べられにくくするのである。果物や野菜の切り口を空気に触れさせておくと茶色く変色してしまうが、これも、タンニンが酸化して切り口を守ろうとしているのである。

しかし、細胞をコントロールして虫こぶを作らせてしまうまでに、進化を遂げたアブラムシがタンニンにやられるはずもない。しかも、アブラムシは植物体をむしゃむしゃ食べるわけではなく、ストローのような口で植物体内の液を吸う。そのため、食欲減退作用もあまり効果がないのだ。

漁夫の利を得た人間

ところが、物語はそれでは終わらない。さらに、みじめな惨敗を喫したヌルデを見て、ほくそ笑む者がいる。

それが人間である。

タンニンは、たんぱく質などのさまざまな成分と結合するので、物質を安定させる作用がある。この作用は人間にとっても、利用価値の高いものだった。たとえば、タンニンは色素を安定させるので、染料やインクとして利用されてきた。また、たんぱく質のコラーゲン繊維と結合して、皮を強くするため、皮をなめすのにも利用された。化学合成技術のない昔は、タンニンを植物から採取するしかない。そのため、タンニンを蓄積した虫こぶは、人間にとって非常に都合の良いものであったのである。

タンニンを多く含むヌルデの虫こぶは、「五倍子」と呼ばれ、重宝がられたという。

「虫こぶ」は寄生する昆虫にとっては、じつに都合の良い存在なので、アブラムシだけでなく、ハエや、ハチ、アザミウマ、ゾウムシなどさまざまな昆虫の仲間がさまざまな植物に虫こぶを形成するように進化を遂げている。そして、その虫こぶは人間を喜ばせるのである。

しかし、忘れてはいけない。虫こぶに大量に残ったタンニンは、悲しくも植物の必死の抵抗の跡なのである。

卵に化けてだまし通す

すでに「共進化」の説明でも紹介したように、昆虫は毒に対する対応が早い。このため、毒で身を守るには限界がある。何とか他の方法で害虫から身を守ることはできないのだろうか。

たとえば、昆虫の世界では、自然物に擬態して身を守るものがたくさんいる。ナナフシやシャクトリムシは、枝に化けているし、バッタやカマキリは葉っぱによく似た色をしている。

しかし、これは天敵が鳥だからこそ有効な手段である。昆虫の天敵である鳥は、目が良いので、擬態で欺くことができる。一方、植物の天敵である昆虫は鳥のように視覚で判断

トケイソウ

しているわけではない。そのため、擬態によって身を守ることが難しいのだ。
そのような中でも擬態によって身を守る植物がある。トケイソウの仲間である。
トケイソウは、青酸配糖体やアルカロイドなどの毒成分で身を守っている。ところが、ドクチョウというチョウの幼虫はこの毒をもろともせずに、トケイソウの葉を食べてしまうのである。そればかりではない。ジャコウアゲハやヘクソカズラヒゲナガアブラムシがそうであったように、ドクチョウの幼虫も、トケイソウの毒を自らの体内に取り込んでしまうのである。そして、ドクチョウはトケイソウから奪ったその毒で天敵である鳥から身を守るのである。ドクチョウの名前の由来ともなった「毒」は、じつは、トケイソウから奪い取ったものなのだ。

それでは、トケイソウはどうすれば良いのだろうか。

そこでトケイソウは工夫を重ねた。トケイソウの仲間の一部では、葉や葉の付け根に黄色い突起を持つものがある。じつは、この黄色い突起は、ドクチョウの卵を模しているのである。

ドクチョウは、同じところにたくさん卵を産むと、幼虫どうしがエサを巡って争ってしまうから、すでに卵があるところに卵を産むのを避ける性質がある。そのため、トケイソウは、すでに卵が産みつけられているように見せかけて、ドクチョウが卵を産むのを防いでいるのである。

ただ残念ながら、擬態で身を守るという方法は、どんな昆虫に対しても有効というわけではない。

ドクチョウは複眼が大きく、チョウの中では目が良い。トケイソウは、ドクチョウのその目の良さを逆手に取って、だましているのである。逆に、目の悪い昆虫にはこの方法は効かないということである。

†天敵にSOS

いつもいつも同じ毒を使っているようでは、害虫に対応策を練り上げられてしまう。そうかと言って、毒を強くすればジャコウアゲハのように、逆に毒を取り込むような悪い虫が現れる。そうすると、せっかく作った毒を横取りされて、害虫が身を守るのに利用されてしまうのである。

そうなると植物はやりきれない。

そういえば、ジャコウアゲハが毒を解毒せずに再利用しようとしたのは、天敵を恐れているからである。自力で害虫を撃退しようとするよりも、害虫がいやがっている天敵の助けを積極的に借りた方が良いのではないだろうか。

害虫に葉っぱを食べられた植物はボラタイルと呼ばれる揮発物質を発生させることが知られている。ボラタイルはテルペンなど病害虫に対抗するための物質で構成されている。

しかし、植物をエサにする害虫が、そんな物質にひるむはずもない。

それでも植物はボラタイルを出し続ける。食われゆく植物から発せられる揮発物質は、まるで助けを求めるSOSの信号のようでもある。

「助けて～」そんな悲鳴にも似た揮発物質の発生にも、動けない周りの植物は助けることはできない。ただ、傍観するしかないのだ。

ただし、ボラタイルの信号をキャッチした周りの植物たちは、あわてて自分を守る防御物質を作り出す。いかに助けを求められても、しょせんは対岸の火事。それよりはわが身の安全の方がずっと大切ということなのだろうか。薄情なようだが、誰だって自分の身がかわいいのだ。

†ヒーロー登場

「助けてくれ～」という叫びもむなしく、好き放題食べられていく植物。周りの植物は自分の身を案じるばかりで、まったく助けてくれそうにない。もはや、これまでかと思ったそのとき、助ける声を求めて、植物を助けにやってくる者がいる。

キャベツやトウモロコシを材料にした研究では、植物が発したボラタイルを感知して、害虫のイモムシにとっての天敵である寄生バチがやってくることが知られている。まさに、助けを聞いて駆け付けたヒーローさながらである。

寄生バチはイモムシが恐れる天敵である。寄生バチはイモムシの体の中に卵を産みつける。そして、やがて卵から孵ったハチの幼虫たちがイモムシを食い殺すのである。植物にとっては、本当にありがたいヒーローである。

このように植物が発するボラタイルは、天敵を呼び寄せる物質として作用するのである。とはいえ、寄生バチが植物を助けるためにやってきたかと言えば、必ずしもそうではない。寄生バチの立場に立ってみれば、イモムシは、卵を産み付けるための獲物でしかない。しかし、どこにいるかわからないイモムシを探すことは簡単ではない。やみくもに探してもなかなか見つけることはできないだろう。そこで、寄生バチは植物から発せられたボラタイルでエサのイモムシの存在を効率的に知ろうとしているのである。

自然界に助け合いというものは存在しない。どの生物も自分の都合が良いように利己的に生きている。しかし、どういう経緯であれ、お互いが得になるような関係が築ければ都合は良い。

寄生バチは植物を助けるつもりは毛頭ないだろうが、結果的に、植物から出たSOSのサインで、害虫を退治する正義の味方が駆けつける仕組みになっている。植物にとってはこれで十分なのである。

†用心棒を雇った植物

寄生バチを呼び寄せたように、昆虫の力で害虫を抑えるというのは、ずいぶん効果的な方法だ。そこで、植物の中には、強い昆虫を用心棒として雇う植物が現れた。

その「強い昆虫」とは……アリである。

意外なことに、アリは昆虫界では最強と言われる昆虫である。

カブトムシやスズメバチなど、他に強そうな昆虫はいくらでもいそうな気もするが、アリが最強とはどういうことなのだろうか。

アリは群れをなして集団で襲ってくるから、カブトムシもとてもかなわない。

また、多くのハチが枝からぶら下がった巣を作る理由は、アリに襲われるのを恐れてのことだといわれている。ハチはアリを恐れて、巣の付け根にはアリの忌避物質を塗っているくらいなのだ。そのアリをボディガードに雇うことができれば、他の昆虫から身を守ることができる。それでは、どのようにしてアリを味方にすれば良いのだろうか。

植物が出す蜜といえば花の蜜が一般的である。ところが、葉の付け根など花以外の場所に「花外蜜腺」と呼ばれる蜜腺を持っている植物がある。これらの植物は、蜜を報酬としてアリを雇い入れているのだ。ソラマメやカラスノエンドウ、サクラ、アカメガシワ、イタドリ、サツマイモなど誰もが良く知っている身近な植物も、よく見ると葉の付け根などに蜜腺があってアリを集めている。

もちろん、アリの立場に立ってみれば、植物を守らなければならない義理はまったくない。しかし、蜜は欲しいから、花外蜜腺に近づく昆虫は追い払う。その結果として、植物はやってくる害虫から守ってもらうことができるのである。

†住居付きで雇います

アリを味方にしようと、さらに厚遇でアリを迎え入れる植物もある。

驚くことに、アリを懐柔するために食べ物だけでなく、アリの家族が住む住居まで提供するのだ。

「アリ植物」と呼ばれるこれらの植物は、枝の中に空間を作り、その中にアリを住まわせる。もちろん、食事も豪勢である。それらの植物は、蜜などの糖分ばかりか、たんぱく質や脂質などすべての栄養素をアリに与えている。そのため、アリは、この植物の上だけで過ごすことができる。そして、その代わりにアリたちは、木の葉を食べようとする毛虫などの昆虫から、植物を守っているのである。

残念ながら、日本のような冬の寒い地域では、アリは地下に巣を作って冬越しをしなければならないため、一年中、木の上で過ごすことができない、そのためアリに住居を与えるという植物は現れないようだ。しかし、冬越しの心配がない熱帯地方では、コショウ科、タデ科、イラクサ科、マメ科、トウダイグサ科、トケイソウ科、ガガイモ科、アカネ科、ヤシ科などさまざまな科に属する植物がよく似たシステムでアリと共生する進化を遂げているのである。そこまで懇願して雇われ念願のマイホームまで手にした熱帯のアリは心強い。人間が、植物に近づいても、アリが牙をむき襲い掛かってくる。何とも頼もしいボディガードである。

それだけではない。アリたちは、植物のまわりに生えてきた他の植物の芽生えや幹に絡みついたつるを噛み切って取り除いたり、邪魔になるまわりの植物の葉を噛み切って、日当たりを良くしてくれることもあるらしい。植物にとってはありがたい存在である。

もっとも、アリも植物のために働いているつもりはないだろう。アリたちにとっては、植物が棲みかである。アリたちは、単に自分たちの棲んでいる場所をきれいにしているだけのことなのだ。

害虫の反撃

アリに守られていては、害虫たちもなかなか植物に近づくことができない。

しかし、害虫も負けてはいられない。害虫も植物を食べなければ生きていくことができないのだ。それでは、どうすれば良いのだろうか。

アリは最強の昆虫である。そうだとすれば、逆にアリを味方につけるしかないではないか。所詮は蜜で雇われているだけのボディガードである。報酬次第では、寝返らせることも可能であろう。

アブラムシは、何の武器も持たないか弱い害虫である。しかし、アブラムシは、見事にアリを寝返らせた。アブラムシは、植物の出す蜜よりもさらに魅力的な甘露をお尻から出す。そして、この甘い蜜に魅せられたアリは、あろうことか植物の害虫であるアブラムシを守る用心棒になったのである。アリは、植物を守るためにアブラムシを追い払うどころか、むしろアブラムシを食べる天敵がやってくると、追い払ってアブラムシを守る。そして、アブラムシはアリに守られながら悠々と植物の汁を吸い続けるのだ。

植物にとっては何ともやりきれないことだろう。自分を守っていたはずのアリが、今度は自分を侵すアブラムシの方を守っているのである。

害虫にとっても、アリを味方につけることは、とても効果的なのだろう。アブラムシ以外にも、コナジラミ、カイガラムシ、ツノゼミなど多くの害虫が、アブラムシと同じように甘露を出して見事にアリを懐柔させている。

敵さえも利用する

「自分さえよければ良い」というのが、自然界の摂理である。しかし、自分さえよければ良いというだけでは、お互いの利益がぶつかりあうと互いに不利益になる。

それよりも、寄生バチとの関係に見出したように、自分だけが得を得るのも良いが、お互いが得になればさらに良いだろう。

そこで、植物は「食べられる」ことを逆手にとって、昆虫に食べられて成功するという道も見出した。

それでは、「食べられることを利用する」とは、いったいどういうことなのだろう。

植物は受粉をするために、花粉を作る。植物は、古くは花粉を風に乗せて運ぶ風媒花であった。しかし、気まぐれな風で花粉を運ぶ方法は、いかにも非効率である。どこに花粉が運ばれるかわからない風まかせな方法では、他の花に花粉がたどりつく可能性は極めて低いからだ。そのため、風媒花は花粉を大量に作る。

その花粉をエサにするために、昆虫が花にやってきた。花粉は食べられるばかりである。昆虫は花から花へと、花粉を食べあさる。ところが、そのうち、昆虫の体に付いた花粉が、他の花に運ばれて受粉されるようになった。そして、植物は昆虫に花粉を運ばせるようになったのである。花から花へと移動する昆虫に花粉を運ばせる方法は、風に花粉を運ばせる方法に比べれば、ずっと確実で効果的である。

もちろん、昆虫は花粉を運ぼうとしているわけではなく、花粉を食べて回っているだけである。しかし、植物はむやみやたらに花粉を作る必要はなくなった。そして、昆虫に食べられる分を差し引いても、生産する花粉の量をずっと少なくすることができるようになったのである。

そして、花粉の数を削減して浮いた分のコストで、昆虫を呼び寄せるために花を美しい花びらで飾り、さらには、魅力的なエサとして蜜を用意するようになったのである。

もともと昆虫は花粉を食べに来た害虫である。しかし、その植物は、敵である昆虫を巧みに利用しているのである。

最初に花の花粉を運んだのは、コガネムシの仲間だったとされている。しかし、昆虫と花との関係が進むと、ハチのように花から花へと飛び交う昆虫の方が進化をした。そして、花の方も美しい色や複雑な形に進化を遂げていったのである。

†だまし合いは得なのか

花は昆虫に蜜を与え、昆虫はその代わりに花粉を運ぶ。何とも美しい共生関係。しかし、自然界は生き馬の目を抜くような世界である。助け合わなければならないという道徳心はない。馬鹿正直に助け合う必要はないのだ。

そこで、昆虫をだまして花粉を運ばせようという植物もある。

昆虫は花のにおいでやってくる。においがするということは、そこに蜜などのエサがあるという昆虫との約束だからである。

ところが、においだけ出して蜜のない植物がある。

たとえば、サトイモ科のマムシグサやテンナンショウはいい匂いがする。そして、ハエに花粉を運ばせる。これらの植物は、雄株と雌株とがあるが、雌株は、花粉を運んできた

ハンマーオーキッド
〔撮影：齊藤亀三〕

マムシグサ

ハエを花の中におびきよせると、ハエが外に出られない仕組みになっている。そして、閉じ込められたハエが出口を求めて暴れ回ることによって、受粉するのである。共生とは程遠い残酷な仕打ちである。

あるいは、ハンマーオーキッドというランの仲間は、雌のハチにそっくりな花の形をしている。そして、偽物のメスに誘われてやってきたオスのハチが交尾をしようとすると、ハチに花粉がつくようになっているのである。そのため、ハンマーオーキッドは、蜜も花粉もハチに与えることなく、首尾よく花粉を運ばせることに成功しているのである。

一方、昆虫の方も花粉を運ばなければならないという義理はない。そして進化を遂げたのがチョウの仲間である。チョウは長い足で花に停まり、ストローのような長い口で花の蜜を吸う。そのため、花粉がチョウの体につかないのである。人間は美しいチョウを愛でるが、植物にとってみれば、植物と昆虫との共生関係を裏切ったチョウは蜜泥棒なのである。

もちろん、契約書を結んでいるわけでもないし、道義があるわけでもない。自然界は何でもありなのだ。

しかし、そんな仁義のない自然界でも、昆虫をだまして花粉を運ばせるという方法は、主流ではない。生き馬の目を抜くような自然界、すべての生物が利己的に振る舞っているにもかかわらず、多くの植物と昆虫が助け合って共生しているという事実は示唆的である。

結局は、少しばかりだまして短期的に得をするよりも、正直に助け合った方がお互い有利ということなのである。

第5ラウンド

植物VS動物

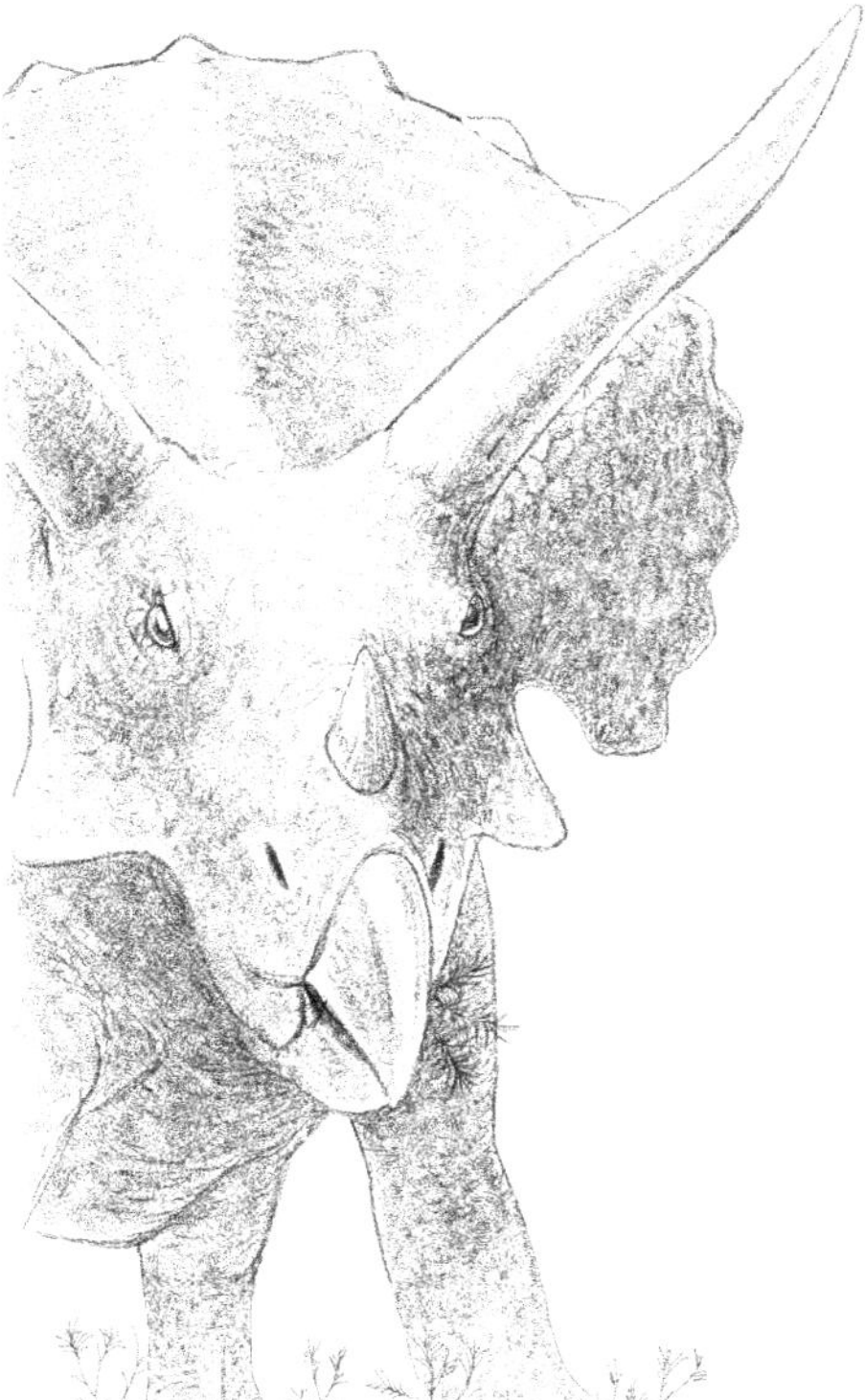

トリケラトプス

†巨大な敵の登場

環境という見えない敵との戦い、ライバルとなる他の植物との戦い、病原菌とのミクロの戦い、そして昆虫という強大な敵との戦い。

こうして植物は、数々の戦いを戦ってきた。しかし、植物の戦いに終わりはない。ステージが進むほど、巨大なボスキャラが登場するゲームのように、植物の戦いにも、ついに巨大な敵が登場する。

それが動物である。

戦いとは言っても、植物と動物との関係は、食うか食われるかではない。常に動物が食べ、植物が食べられる「食う食われる」の関係である。動物との戦いにおいては、植物は食われる一方なのである。

植物が食われる存在であるというのは、恐竜時代も同じであった。恐竜には、植物を食べる草食恐竜と、それを食べる肉食恐竜とがある。

もうはるか昔から、植物は食べられる存在だったのだ。

†恐竜の食害を防ぐ

恐竜の食害を防ぐために、植物がしたことは何だっただろうか。

それは、体を大きくすることであった。何しろ恐竜は体がでかい。この恐竜に対抗するために、植物も大型化したのである。

恐竜映画などを見ると数十メートルにもなるような巨大な植物が森を作り上げている。巨大な木となれば、簡単に恐竜に食べられることはない。そこで、植物は競って巨大化していったのである。

もちろん、恐竜も負けてはいない。

恐竜の中には、アパトサウルスやブラキオサウルスのように首の長い大型の草食恐竜がいる。これらの恐竜は、背の高い木の上の葉を食べるように進化を遂げていった。

首の長い恐竜が出現すれば、植物はさらに巨大化する。そして、植物が巨大化すれば、草食恐竜は、さらに首が長くなる。こうして、植物と恐竜とは、共に大型化していったのである。巨大であることが、戦いに勝つことだったのだ。

ただし、これには当時の気候が関係している。

恐竜が繁栄した時代は、気温も高く、光合成に必要な二酸化炭素濃度も高かった。そのため、植物も成長が旺盛で、巨大化することができたのである。

†恐竜時代の終焉

恐竜が絶滅した理由は、明確ではないが、小惑星が地球に衝突し、巻き上げられた粉塵が地球環境を寒冷化させたことが関係しているとされている。

しかし、いくつかある恐竜絶滅を説明する説の中には、それ以外の理由で恐竜が絶滅に向かって衰退していたのではないかと考えるものもある。

その原因の一つが植物の進化である。恐竜が繁栄を遂げていた中生代ジュラ紀後期から白亜紀にかけては、植物も劇的に進化を遂げた。ジュラ紀には、大型の針葉樹が繁栄していたのに対して、白亜紀になると花を咲かせ、やがて実をつける被子植物が広がっていったのである。

被子植物の進化は明確ではなく、謎に包まれている。しかし、環境が変化し、温暖で安定した気候から、気温が寒冷化していく中で誕生したと考えられている。

さらに被子植物は、大型の木本から小型の草本になるという進化をしたと考えられている。

大型の針葉樹は、時間を掛けて巨大な体を作る。一方、草本の被子植物は、速やかに成長して花をつける。そして昆虫が花粉を運ぶようになったことによって、効率良く、確実に受粉が行えるようになった。その結果、短いサイクルで世代交代を繰り返しながら、進化を遂げていったと考えられている。

シダ類のような裸子植物と競って大型化の道を歩んでいた草食恐竜が、この進化のスピードについていけなかったことは十分に考えられる。たとえば、恐竜は、被子植物を消化するための酵素を持っていなかったために、恐竜たちは消化不良を起こしてしまったとも言われている。

実際に、進化した被子植物が分布を広げていく中で、末期の恐竜たちは追いやられた裸子植物と共に見つかるという。被子植物の分布拡大によって、裸子植物が分布範囲を狭めていく中で、恐竜たちもまた、棲みかを追いやられていったのかも知れない。

†草を食べる恐竜

もちろん、恐竜もまったく進化をしなかったわけではない。

被子植物を食べるように、進化をした恐竜もいる。子どもたちに人気のトリケラトプスは、花が咲く被子植物を食べるように進化をしたとされる恐竜の一つである。

それまでの草食恐竜たちは、裸子植物と競って巨大化し、高い木の葉が食べられるように、首を長くしていった。

しかし、トリケラトプスは違う。トリケラトプスは足が短く、背も低い。しかも、頭は下向きについている。これは明らかに地面から生える草花を食べるのに適したスタイルである。

植物を食べるトリケラトプスの姿を想像すると、それは、まるで草を食むウシかサイのようである。機能性を追い求めた結果、種類は違っても似たような形に進化することを収斂進化という。たとえば、魚類のマグロと哺乳類のイルカが同じような流線型の形をしていたり、哺乳類のモグラと昆虫のケラが地中生活に適した似たような姿をしているのも収斂進化である。トリケラトプスとウシやサイが似ているのも、収斂進化の例と言えるだろう。

しかし、被子植物の進化の速度は、恐竜の進化を確実に上回っていたことだろう。トリケラトプスでさえも植物の進化についていくことは難しかったはずである。

†有毒植物が恐竜を追い詰めた

恐竜の絶滅要因の仮説の一つに、「アルカロイド中毒説」と呼ばれるものがある。被子植物が進化をする中で、食害から逃れるために、アルカロイドという毒成分を身につけた。そして、この植物を食べた恐竜たちが中毒死していったというのである。

現代でも「生きた化石」と呼ばれるような原始的な被子植物には有毒植物が多い。被子植物が毒性物質を獲得した明確な理由についてはよくわかっていない。しかし、少なくとも被子植物の毒は恐竜に甚大な被害をもたらしただろうと考えられている。人間などの哺乳動物は毒性のあるものを「苦味」と認識して拒絶するが、爬虫類は毒性物質に対して鈍感なことが知られている。恐竜も有毒植物を識別できずに、大量に摂取してしまったのではないだろうか。恐竜時代末期の化石を見ると、器官の異常な肥大や卵の殻が薄くなるなど、中毒と思われる深刻な生理障害が見られるという。そういえば、恐竜が現代に蘇るSF映画「ジュラシックパーク」でもトリケラトプスが有毒植物による中毒で横たわっているシーンがあった。

カナダ・アルバータ州のドラムヘラーからは、恐竜時代末期の化石が多く見つかっている。この地域の七千五百万年前の地層からは、トリケラトプスなど角竜が八種類も見つかっているのに対して、その一千万年後には、角竜の仲間はわずか一種類に減少してしまっているという。

一方、この間に哺乳類の化石は、十種類から二十種類に増加している。

確かに、恐竜絶滅の直接的なきっかけは小惑星の衝突だったかも知れない。しかし、植物の進化によって恐竜たちは次第に衰退の道を歩んでいったのである。

†新たな敵の登場

こうして、恐竜は絶滅し、植物と恐竜との戦いは終わりを告げた。その後、植物の新たな敵となったのが哺乳類である。しかし、もはや恐竜時代のように巨大化して戦うということはできない。地球の気候は大きく変動してしまったからだ。

また、造山運動によって大陸が隆起すると、大地の岩石が風化するときに、二酸化炭素を吸収する。そして、大気中の二酸化炭素濃度が、急激に減少してしまった。そのため、恐竜の時代のように、植物が巨大化することはできなくなってしまったのである。

それでは植物は、どのようにして哺乳類の食害から身を守れば良いのだろうか。有効な対抗手段の一つは、毒を持つことである。

毒を用意することは、昆虫に対してはなかなか成果が出なかったが、哺乳類に対しては極めて有効な手段である。

昆虫は数が多く、世代交代も早いので、毒を用意しても、数ある虫のどれかが生き残り、そして毒の効かない虫たちが増殖する。こうして、せっかく用意した毒もやがて効かなくなってしまうのである。一方、哺乳類は出産する子どもは少なく、昆虫のように大量に増殖することはない。また、世代の交代も遅いので、毒の効かない個体というのが、発達しにくいのだ。

†優秀な敵だからこそ

ただし、哺乳類の方にしても、毒で死んでしまったのでは、かなわないから、毒を感知する能力を身につけた。私たちは体に害のある毒成分を口に入れると舌が感知し、苦味や辛味として感じる。そして毒を食べることなく、吐き出すことができるのである。人間の味覚というものは、食べ物を味わうために発達したものではない。人間にとって栄養価が高く安全なものは甘い、危険なものは苦い、この判別をして生命を危険から守るために獲得したものなのである。

もっとも、哺乳動物が味覚を獲得することは、植物にとっても非常に都合の良いことであった。

せっかく毒を作ったのに、図体の大きい動物が毒に気が付くことなく死ぬまで食べ続けたとしたら、どうだろう。敵である哺乳類は最後には死んでしまうとしても、それまでには、かなりの量の葉を食べられてしまうことだろう。

植物にしてみても、相手を殺してしまいたいわけではない。それよりも、ひと口、口に入れた時点で食べられないと判断して、食べるのをやめてくれた方が、植物にとっては都合が良いのである。

もしかすると、哺乳動物が苦味として毒を認識する機能を進化させることで、植物の方も苦味として認知されやすい物質を持つように共に進化していったのかも知れない。

†毒に対する草食動物の進化

イヌやネコはチョコレートを大量に食べると中毒を起こして死ぬとされている。これは、カカオが持つテオブロミンというアルカロイドが、イヌやネコにとっては毒成分だからである。

このデオブロミンは、人間も毒成分を表す苦味として察知するが、人間は程よい苦味として、おいしく感じる。デオブロミンは有毒な物質だが、人間はこれを代謝して無毒化させることができるのである。

人間が野菜として食べているタマネギやネギも、イヌやネコには有毒な植物である。人間は植物を食べる動物であるため、ある程度、植物の毒に対する対抗手段ができあがっている。しかし、イヌやネコは、もともとは肉食動物であり、野生では植物を食べることはない。そのため、植物の毒に対する感覚や防御システムが発達せず、毒に対してまったくの無防備なのである。

イヌやネコにとって有毒なチョコレートを人間がおいしく食べられるということは、人間がそれだけ植物に対する防御を進化させてきた証拠でもある。

一方、ウサギは麻酔の前投与薬であるアトロピンと言う薬が効かないとされている。アトロピンは、ナス科の植物が持つアルカロイドである。草食動物であるウサギは、植物に対する防御手段を発達させた結果、このアルカロイドさえも分解する酵素を持っているのである。エサが豊富な環境であれば、毒草を食べないことが懸命だが、エサが限られた場所では毒草であっても食べないわけにはいかない。そのため、ウサギはアルカロイドを分解できるように進化を遂げているのである。さらに、弱い動物であるウサギにとっては、毒草をエサにすることで、大型の草食動物とエサを巡って争わなくても良いという利点もあるだろう。

コアラに食われるユーカリ

また、オーストラリアに棲むコアラは、ユーカリの葉を食べることで有名だが、ユーカリは有毒な植物である。コアラはユーカリしか食べないということは、毒草のみをエサにしているということなのだ。コアラは二メートルにもなる哺乳類最長の盲腸を持っていて、この盲腸内の細菌がユーカリの毒を解毒しているのである。

哺乳動物も、植物が持つ毒に対して無策だったわけではないのだ。

†どうして有毒植物は少ないのか？

毒を作るという戦略は、哺乳動物に対しては極めて有効な手段である。

それでは、どうして、すべての植物が毒をもった有毒植物にならないのだろうか。

すでに紹介したように、植物は病原菌や害虫と戦うために、抗菌物質などのさまざまな物質を有している。これらの物質の多くは炭水化物から作られる。炭水化物は光合成をすれば作ることができるので、成長して稼げば、いくらでも作りだすことができる。

一方、アルカロイドは窒素化合物を原料とする。窒素は、植物が根から吸収するものであり、貴重な資源である。窒素は、植物の成長に不可欠なものだから、植物にとってアルカロイドなどの毒成分を生産しようとすれば、成長したり、種を作る分の窒素を削減しなければならないのだ。

植物は、哺乳動物とだけ戦っているわけではない。特に他の植物とは常に戦っている。そのため、成長のスピードが鈍化したり、種子の数が少なくなるということは、生き残る上で致命的なのである。

植物がたくさんあって競い合っているような場所では、哺乳動物に食べられることは、そうそうあるわけではない。そのため、少しくらい食べられても、むしろ、毒を作る分のエネルギーで、枝や葉を広げて稼いだ方が合理的ということなのだ。

†とげで身を守る

植物が身を守るための仕組みには、物理的な武器もある。もっとも代表的な植物の防御手段がトゲである。

先端を鋭くとがらせることによって、動物の食害を防ぐ。単純なようだがシンプルな防御法は効果的である。草原や牧場の風景を見るとよくトゲのある植物が、草食動物の食害を逃れて残っている様子をよく見かける。

植物は、さまざまに工夫をして、トゲを作っている。たとえば、バラやタラノキ、サンショウなどは表皮を変化させて、トゲを作っている。

一方、サイカチのトゲは、枝を針状にしたものである。また、ミカンの仲間のカラタチは茎に鋭いトゲを持つ。これは茎が変化したものではなく、茎についた葉を極端に細く変化させたものであるとされている。

葉を細く針のように変化させた植物は、サボテンが代表的である。サボテンは葉を針の

ヒイラギ

ように細くすることによって、前述のとおり葉からの水分の蒸発を防ぐとともに、動物の食害から身を守ってもいるのである。

鬼を払うトゲの謎

立春の節分の夜には、ヒイラギの枝に葉に焼いたイワシの頭を刺して戸口に飾る。ヒイラギの尖った葉とイワシの臭いにおいが、鬼を退けるとされているのである。

ヒイラギの葉は常緑で冬の間も緑色を保っている。冬の間も青々としているマツやタケがめでたい植物とされたり、スギやサカキが神社に植えられているように、冬の寒い時期に生命力に満ちた常緑の植物は、特別な存在と扱われてきた。そのため、ヒイラギも鬼除けに用いられたのである。

しかし、ヒイラギの葉がとげとげとしているのは、鬼を避けるためではない。エサの少ない冬の間に緑色の葉をつけているということは、それだけ動物に狙われやすいということでもある。鬼ではなく、動物の食害から身を守るために、ヒイラギはトゲのある葉を身につけたのである。

じつは、ヒイラギはトゲを持つのは若い木だけである。老木になるとトゲがとれて丸みを帯びた葉っぱになるのだ。

古い木になるとトゲを失うのには理由がある。とげとげした葉は動物に食べられないという利点はあるものの、葉の面積は、尖った分だけ小さくなる。ただでさえ日照の少ない冬である。できるだけ葉を広げて、太陽の光を少しでも多く受けたい。そこで背丈が小さい若い木のうちはトゲで葉を守るが、木が大きくなって動物に食べられる心配がなくなると、不必要なトゲはなくして、光を多く受けるようになるのである。

†イライラするのも植物のせい

トゲを持つ植物の中で、高度な防御システムを持つのが、野山に生えるイラクサである。

イラクサ

イラクサの茎や葉には細かなトゲが密生している。ところが、イラクサが持っているのはただのトゲではない。トゲの根元には毒を含んだ小さな袋が備えられている。そして、皮膚に刺さるとトゲの先端が外れ、注射針のように傷口に毒を注入するのである。

植物は、化学物質で身を守るか、トゲのような物理的手段で身を守るか、どちらか一方を持っているものが多い。その両方を兼ね備えるというのは、簡単ではないのだろう。ところが、イラクサは、トゲと毒という両方を兼ね備えている。

また、ただ刺すだけでなく、袋から毒を注入するというイラクサの高度なしくみは、スズメバチの毒針やマムシの牙とまったく同じである。イラクサは植物でありながら、生物界で最高レベルの防御システムを持っているのである。

どんな植物も食べてしまう草食動物も、このイラクサだけは、食べるどころか近寄ることさえできない。もちろんイラクサのとげは人間にも害があり、刺毛にさされると赤く腫れ上がってしまう。イラクサは漢名を「蕁麻」という。じつは、イラクサはアレルギー発疹である蕁麻疹《じんましん》の由来となったほどの有害植物なのである。

ちなみに、このイラクサのトゲが刺さった状態が「いらいらする」と言う感覚である。

†草原の植物の進化

植物にとって、常に哺乳動物に食べられる危険にさらされている場所がある。草原である。

深い森であれば、草や木が複雑に生い茂り、すべての植物が食べ尽くされるということはないだろう。しかし、見晴しの良い草原は、植物も隠れる場所がない。さらに、生えている植物の量も限られている。草食動物たちは、少ない植物を競い合うように食べにくる。

草原で必要なことは、他の植物と競争することよりも、草食動物から身を守ることなのだ。

それでは、植物たちは、どのように身を守れば良いのだろうか。草原で食べられる植物として、際立った進化を遂げたのが、イネ科植物である。

コメやコムギ、トウモロコシなどイネ科の作物は、人間にとって重要な食糧である。しかし、人間の食用になっているのは、植物の種子の部分である。イネやコムギ、トウモロコシの葉は、煮ても焼いても食べることができない。イネ科植物は、葉が固いので、とても食べられないのだ。

イネ科植物の葉が固いのは、草食動物から身を守るためである。イネ科植物は葉の繊維質が多く消化しにくい。さらに、イネ科植物は、葉を食べにくくするために、ケイ素で葉を固くしている。ケイ素はガラスの原料にもなる物質である。野原でススキの葉で指を切ってしまった経験をもつ方もおられることだろう。ススキは、葉のまわりがのこぎりの刃のようにガラス質が並んでいる。こうしてイネ科植物は葉を食べられないように身を守っているのである。

それだけではない。さらには作りだした栄養分を、安全な地面の際や地面の下に避難させて蓄積する。そして、地面の上の葉はタンパク質を最小限にして、栄養価を少なくし、エサとして魅力のないものにしているのである。このように、イネ科植物は葉が固く、消化しにくい上に栄養分も少ないという、動物のエサとして適さないように進化をしたのである。

イネ科の植物がガラス質を体内に蓄えるようになったのは、六〇〇万年ほど前のことであると考えられている。この変化は、植物と動物との戦いにとって、劇的な変化であった。このイネ科の進化によって、草食動物の多くが絶滅したと考えられているのだ。

†草食動物の反撃

この固い葉を持ったイネ科植物を食べなければ、草原で生き残ることはできない。そして、このイネ科植物を食べられるように進化を遂げたのが、ウシやウマなどの草食動物である。

ウシは胃が四つあることが知られている。この四つの胃で繊維質が多く、栄養価の少ない葉を消化していくのである。四つの胃のうち、人間の胃と同じような働きをしているのは、四つ目の胃だけである。それでは、それ以外の三つの胃は、どのような役割があるのだろうか。

一番目の胃は、容積が大きく、食べた草を貯蔵できるようになっている。そして、そこで微生物が働いて、草を分解し栄養分を作りだす。いわば発酵槽にもなっているのである。まるでダイズを発酵させて栄養価のある味噌や納豆を作ったり、米を発酵させて日本酒を作りだすように、ウシは胃の中で発酵食品を作り出しているのだ。

二番目の胃は食べ物を食道に押し返し、反芻をするための胃である。

反芻とは胃の中の消化物を、もう一度、口の中に戻して咀嚼することである。牛は、エサを食べた後、寝そべって口をもぐもぐとさせている。こうして食べ物を何度も胃と口の間で行き来させながら、イネ科植物を消化していくのである。三つ目の胃は、食べ物の量を調整していると考えられており、一番目の胃や二番目の胃に食べ物を戻したり、四番目の胃に食べ物を送ったりする。そして、四番目の胃でやっと胃液を出して、食べ物を消化するのである。つまり、本来の胃である四番目の胃の前に、イネ科植物を前処理して葉をやわらかくし、さらに微生物発酵を活用して栄養価を作りだしているのである。

ウシだけでなく、ヤギやヒツジ、シカ、キリンなども反芻によって植物を消化する反芻動物である。

一方、ウマは胃は一つしかないが、発達した盲腸の中で、微生物が植物の繊維分を分解するようになっている。こうして、自ら栄養分を作りだしているのである。また、ウサギもウマと同じように、盲腸を発達させている。

†イネ科植物の防衛戦略

このようにして、草食動物はイネ科植物をエサにすることに成功した。

しかし、イネ科植物も食べられ放題というわけにはいかない。草食動物に食べられても耐えられるようなしくみを身につけなければならない。

身を守るには、姿勢を低くするというのが常道だ。柔道や相撲では投げられないように腰を落として重心を低くするし、バレーボールのレシーブも腰を落とす。また、銃撃戦では兵士は地面に伏せる。何事も、低くすることは身を守る基本なのである。

イネ科植物も低く構えて身を守るスタイルを選んだ。

一般に植物の成長点は、茎の先端にあって新しい細胞を積み上げながら、上へ上へと伸びていく。しかし、それでは茎の先端を食べられると成長点も食べられてしまうので、ダメージが大きい。

そこで、イネ科の植物は成長点をできるだけ低くすることにした。つまり一番低い株もとに成長点を持ち、そこから葉を上へ上へと押し上げる成長方法を選んだのである。これは植物の成長方法としては、まったく逆転の発想である。

これならば、いくら食べられても、葉っぱの先端を食べられるだけで、成長点が傷つくことはないのである。成長点を下にして守るという工夫で、草食動物の食害から身を守るイネ科植物。何という素晴らしい発想なのだろう。

しかし、この方法は重大な問題がある。

上へ上へと積み上げていく方法であれば、自由に枝を増やしたりして葉を茂らせることができる。しかし、作り上げたものを下から押し上げていくという方法では、後から葉の数を増やすことができないのだ。

そこで、イネ科植物は成長点を次々に増やしていくことを考えた。これが分げつである。イネ科植物は、地面の際にある成長点を次々に増殖させながら、押し上げる葉の数を増やしていく。こうして、イネ科植物は株を作るのである。

†困難を利用するイネ科植物の方法

それにしても植物というのは、本当にしたたかである。イネ科植物は草食動物の食害に耐えるだけでなく、それを利用することさえ考え出したのだ。

草食動物に食べられることは脅威である。しかし、この過酷な環境で生き残ることができれば、ライバルとなる植物は、みんな草食動物に駆逐されていくことになる。恐ろしい草食動物も、ライバルとなる植物を蹴落とすのには、好都合なのだ。

そして、イネ科植物は成長点を下にするという構造で、草食動物の食害から身を守る術を身につけた。こうして、草原はイネ科植物の天下となるのである。

ゴルフ場や公園の芝生はいつも刈り揃えられている。短く刈ることは、芝生にとってダメージのようにも思えるが、刈れば刈るほど、刈り取りに弱い雑草はなくなり、イネ科の芝生が広がっていくのである。

芝生というと、日本産のノシバの他にもナガハグサ（ブルーグラス）やギョウギシバ（バミューダグラス）など多くのイネ科雑草が芝生として利用されている。イネ科植物は刈り取られることで、より成功しているのである。また、年に何度も刈り取られる牧草もイネ科植物が大半である。

それだけではない、イネ科植物は葉を食べられることによって、成長点がある株もとまで光が差し込み、生育が良好になる。まさに食べられたり、刈り取られることによって成功を遂げているのである。

✝食べられて成功する

食べられて利用するということでは、植物は驚きのアイデアを考え出した。植物も食べられっぱなしというわけではないのだ。ただし、その方法を説明するためには、植物の進化の話に戻らなければならない。話を恐竜の時代に戻そう。

本章の最初に紹介したように、被子植物と呼ばれる植物が誕生したのは、恐竜が絶滅に向かっていた白亜紀の末期のことである。この被子植物は、植物の歴史の中で劇的な進化をもたらした。

被子植物の出現以前に地球上に広がっていたのは裸子植物である。

しかし、古い植物と言われる裸子植物にも、ニューフェイスと言われた時代はあった。裸子植物より古い時代に地球上を席巻していたのはシダ植物である。ただし、古いタイプの植物であるシダ植物には重大な欠点がある。それは、生殖に水が不可欠ということである。

シダ植物の胞子は発芽すると、前葉体という小さな植物体を形成する。やがて前葉体では精子と卵子とが作られ、精子が水の中を泳いで卵子に到達し、受精するのである。精子が泳いで卵子にたどり着く方法は、生命が海で誕生した名残である。

もっとも、進化の頂点にあると自負している人間でさえも、同じように精子が泳いで卵子と受精する。生物が進化する上で克服すべき課題は、生命誕生の根源である海の環境をいかに陸上で実現するかにあったのだ。

地上に進出を果たしたシダ植物も、精子が泳ぐ水が必要なために、水分のあるジメジメとした場所でないと増えることができなかった。その結果、大繁栄したシダも勢力範囲は水辺に限られ、広大な未開の大地への進出は果たせなかったのである。

†裸子植物の登場

一方、裸子植物は陸地への進出を可能にする画期的な生殖システムを身につけた。

ここでは代表的な裸子植物であるマツの例を見てみよう。

マツは春に新しい松かさを作る。これがマツの花である。昆虫を利用する方法を知らない裸子植物は風で花粉を飛ばす。そして、松かさの鱗片が開いたとき、マツの花粉が開いた松かさの中へ侵入するのである。すると、松かさは閉ざされ、翌年の秋まで開かない。

そして、松かさの中で長い歳月をかけて卵と精核が形成され、やっと受精が行われるのである。マツは卵に付着した花粉から、花粉管という管が出て、その中を精核が通って受精する。つまり精子は水の中を泳ぐことなく受精することが可能になり、水が必要なくなったのだ。「受精には泳ぐための水が必要」という長年の常識を覆した、驚きのシステムを考案したのである。

ただし、まだ改善すべき問題は残されていた。花粉が到着してから卵が成熟を始める裸子植物のシステムは、とにかく時間が掛かってしまうのだ。

そこで、スピーディな画期的なシステムを考案したのが、被子植物である。

被子植物はめしべの奥であらかじめ卵を成熟させている。そして、花粉が到着したときには、受精の準備が完了しているのだ。そのた

マツカサ

め、花粉は到着するなり、すぐさま花粉管を伸ばし、卵に精核を送り届けて受精を完了することができる。この間、わずか数分から長いものでも数時間。これまでの裸子植物が、花粉がたどりついてから受精まで一年以上もかかっていたことを考えると、革新的な期間の短縮である。

被子植物のこの受精法は植物界にセンセーションを巻き起こした。受精の期間が短くなったことで、受精の成功率は高くなった。しかもこの技術革新はさらに大きな効果をもたらした。スピーディな受精の実現によって世代交代は格段に早まり、飛躍的なスピードの進化が可能になったのである。

そして、すでに紹介したように、被子植物は蜜で昆虫を呼び寄せ、花粉を媒介させるという画期的な方法を作り上げたのである。これが、すでに前章で紹介した「食べられて利用する」という方法の一つであった。

✝新時代の到来

そして、もう一つの「食べられて利用する方法」が、胚珠を守っていた子房の新たな利用法である。

理科の教科書では、裸子植物と被子植物の違いは、種子の元になる胚珠がむき出しになっているかどうかであると書かれている。

裸子植物は、胚珠がむき出しになっている。これに対して、被子植物は、大切な胚珠を守るために、胚珠のまわりを子房でくるんだのである。子房で守ることによって、胚珠は乾燥条件にも耐えられるようになった。もしかすると、最初のうちは子房で守ることによって、大切な種子が食べられないようにという目的もあったかも知れない。ところが、被子植物は、胚珠を守るための子房を肥大させて果実を作り、動物や鳥にエサとして食べさせる方法を選んだのである。

動物や鳥が植物の果実を食べると、果実といっしょに種子も食べられる。そして、動物や鳥の消化管を種子が通り抜けて糞と一緒に種が排出される頃には、動物や鳥も移動し、種子が見事に移動することができるのである。

植物は動物や鳥にエサを与え、動物や鳥は植物のタネを運ぶ。動物や鳥と植物とは共生関係にあるのである。

もともとは、動物や鳥は種子や子房をエサにしようとやってきたことだろう。しかし植物は、その動物や鳥を利用して、種子を運ばせるようになったのである。

動けない植物にとって、行動範囲を広げるチャンスが、生涯のうちに二回だけある。一回目が花粉での移動である。そして二回目が種子としての移動なのである。

植物は花粉の移動については、自由に飛ぶことができる昆虫の助けを借りて遠くへ移動することを可能にした。そして、植物の種子は動物や鳥の助けを借りて遠くへ移動できるようになったのである。

†青は止まれ、赤は進め

果実は、熟すと赤く色づいてくる。

例えばリンゴやモモ、カキ、ミカン、ブドウなど木の上で熟した果実は赤色、橙色、桃色、紫色のように赤系統の色彩をしていることが多い。これは赤く色づいて果実を目立たせているのである。

「止まれ」の信号は遠くからでも認識しやすい「赤色」と決められている。波長の長い赤色の光は、他の色の光に比べて、遠くまで届きやすい性質がある。そのため、遠くから認識されやすいように、果実は、赤くなることを選んだのである。また、植物は緑色をしているため、緑色の対極色である赤色は、特に目立ちやすくなるのだ。

これに対して、熟していない果実は、葉っぱと同じ緑色をしていて目立たない。また、甘味はなく、むしろ苦味を持っている。

これは、種子が未熟なうちに食べられては困るので、苦味物質を蓄えて果実を守っているのである。たとえば、渋柿が持つタンニンや、未熟な実である緑色のニガウリが持つモルデシンやチャランチンは、実を守るための物質である。やがて種子が熟してくると、果実は苦味物質を消去し、糖分を蓄えて甘くおいしくなる。そして、果実の色を緑色から赤色に変えて食べ頃のサインを出すのである。

「緑色は食べるな」「赤色は食べてほしい」これが、植物の果実のサインなのである。

†パートナーを厳選する

しかし、熟したサインである赤い色は、ほとんどの哺乳動物は認識することができない。人間を含む類人猿は赤色を認識することができるが、これは例外中の例外である。もともと哺乳動物の祖先は恐竜の時代に夜行性の生物であった。そのため視力が退化し、色を認識することができないのである。

じつは、多くの植物は果実を食べさせて種子を運ばせるパートナーとして、哺乳動物よりも鳥を選んだのだ。それには理由がある。

哺乳動物は、歯を持っているため、果実をバリバリと食べてしまう。そのため、大切な種子を嚙み砕かれてしまう心配もあるのだ。また、植物を食べる草食動物は、植物の繊維を分解するために、消化管が長い。そのため、消化されずに、消化管を無事に通り抜けられないかも知れ

トウガラシ

ないのである。

一方、鳥は歯がないので、果実を丸吞みする。また、消化管が短いので、消化されずに無事に体内を通り抜けることができるのである。さらに、鳥は大空を飛び回るので哺乳動物に比べると移動する距離が大きい。そのため、植物にとっては鳥は最良のパートナーなのである。植物の本音を言えば、哺乳動物ではなく、鳥に果実を食べてほしいのだ。

それでは、どのようにして鳥にだけ食べられるようにすれば良いのだろうか。

わかりやすい例の一つがトウガラシである。

トウガラシは、赤い色をしている。すでに紹介したように、赤い色は果実が甘く熟したサインである。しかし、トウガラシは甘くなく、辛い。赤い果実は、食べてもらいたいはずなのに、どうして辛いのだろうか。

じつは、トウガラシは食べてもらう相手をえり好みしているのである。

哺乳動物は辛いトウガラシを食べることができない。しかし鳥は、辛さを感じる味覚がないためトウガラシを平気で食べることができる。おそらくトウガラシは、種子を運んでもらうパートナーとして哺乳動物ではなく鳥を選んだのである。

ただし、哺乳動物に食べられないための辛いトウガラシを喜んで食べる動物が出現した。それが人間である。ただし、人間は、せっせとトウガラシを食べては、鳥以上の距離を移動して、世界中にトウガラシを広めた。これは、トウガラシにとっては予期せぬ福音だったに違いない。

†レモンの酸味にも工夫がある

渋柿は渋み物質であるタンニンを持っている。この渋みも食べられないためのものである。

人間は渋柿を収穫すると、干し柿などにして渋みをとって食べる。渋柿の中には、甘味もあるので、渋みがなくなることによって甘味だけが残り、甘い干し柿ができるのである。

それでは、渋柿は食べられたくないかといえば、そんなことはない。収穫せずに、樹上に残しておけば、渋柿はさらに熟してくる。そして、渋味がなくなり甘くなるのである。そのため、人間が収穫せずに樹上で熟し切った柿は鳥に食べられる。こうして種子を散布するのである。ただし、熟し切った柿は、とろとろに果肉がとろけていて、とても人間がとって食べることはできない。

ちなみに、私たちが食べる甘柿は、この渋みを作らないように突然変異を起こしたものである。つまり、人間が食べるのには都合が良いが、植物としては欠陥品なのだ。

また、ミカンなどの柑橘類には、酸味がある。この酸味も食べられないための工夫である。ミカンも人間は酸味と甘味のバランスを重視するので、酸味が残るうちに収穫する。しかし、ミカンも樹上においておけば、酸味がなくなり、甘味が増してくるのである。

一方、レモンは酸味が強いのが特徴である。不思議なことに、レモンは、完熟しても酸味はなくならない。すっぱいレモンは、さすがの鳥も食べることができない。それでは、野生の状態で、レモンはどのようにして種子を散布していたのだろうか。

じつは酸っぱいレモンの果実を食べることのできる鳥がいる。それが、インコやオウムなどである。そのため、レモンの原産地のインドではオウムやインコなどが、レモンの果実を食べて、種子を散布していると考えられる。レモンもまた、食べられるパートナーを厳選しているのである。

†再び、毒を利用する

トウガラシが持つ辛味物質のカプサイシンは、言ってみれば弱い毒の一種である。

トウガラシは、この毒を巧みに利用して、哺乳動物から身を守りながら、鳥だけに果実を食べさせることに成功したのである。同じように、哺乳動物にとっては毒でも、鳥は喜んで食べるという果実が野生植物の中には少なくない。

しかし、まだ問題は残る。

鳥に種子を運んでもらうのは良いが、一羽の鳥が一気に果実を食べてしまうと、糞と一緒に排出された種子は、同じ場所に散布されてしまうことになる。せっかく食べてもらっても、分布を広げたい植物としては、あちこちにばらまいてもらいたいから、これでは都合が悪い。

そこで植物の中には、鳥に対しても弱い毒を持つものがある。

たとえば、ナンテンは、哺乳動物に対しては有毒植物だが、鳥はナンテンの実を食べることができる。ただし、ナンテンの毒は鳥に対しても効果があるので、鳥も一度にたくさん食べることができない。そのため、一気に食べられることはなく、少しずつ何度も食べられたり、何羽もの鳥に食べられる。こうして植物は、鳥に対しても弱い毒を利用しているのである。

†やはり子房は食べさせない

モモの果実の中には、大きな種が一つだけ入っている。

しかし、果実の大きさに対して、この種はずいぶんと大きすぎるような気がする。じつは、これは一般には核と呼ばれており、本当は種ではない。種のように見えるものは、実際には、果実の一部が固く変化したものなのである。本当の種は、さらにこの固い殻の中にある。この殻に覆われた核の中に、植物生薬の桃仁と呼ばれるものがある。この桃仁こそが本当の種子なのである。

果実を食べさせて種子を運んでもらうのもいいが、消化器官の中で種子が消化されてしまったり、動物に肝心の種子までバリバリ食べられてしまったのではかなわない。そこで、モモは種子のまわりを固い殻でコーティングして、守っているのである。

この種子のまわりを守っているものが子房の一部である。子房はもともと、種子を守るためのものだったが、植物はこれを果実にして食べられるようにした。しかし、モモは再び子房を種子を守るために使っているのである。

梅干しの種も、モモの核と同じような構造をしている。梅干の種を割って、中の仁を好んで食べる人がいるが、梅干しの種の中から出てくるこの仁こそが、本当の種子なのである。

モモやウメはバラ科の植物である。果実を食べさせて、種子を散布するという画期的な戦略を植物の進化の中で、初めて採用した植物の一つがバラ科の植物だとされている。

このバラ科の果実には、他にも先進的なアイデアが見られる。

†リンゴの工夫

リンゴもバラ科の果実である。リンゴは、モモやウメとは別のアイデアで種子を守って

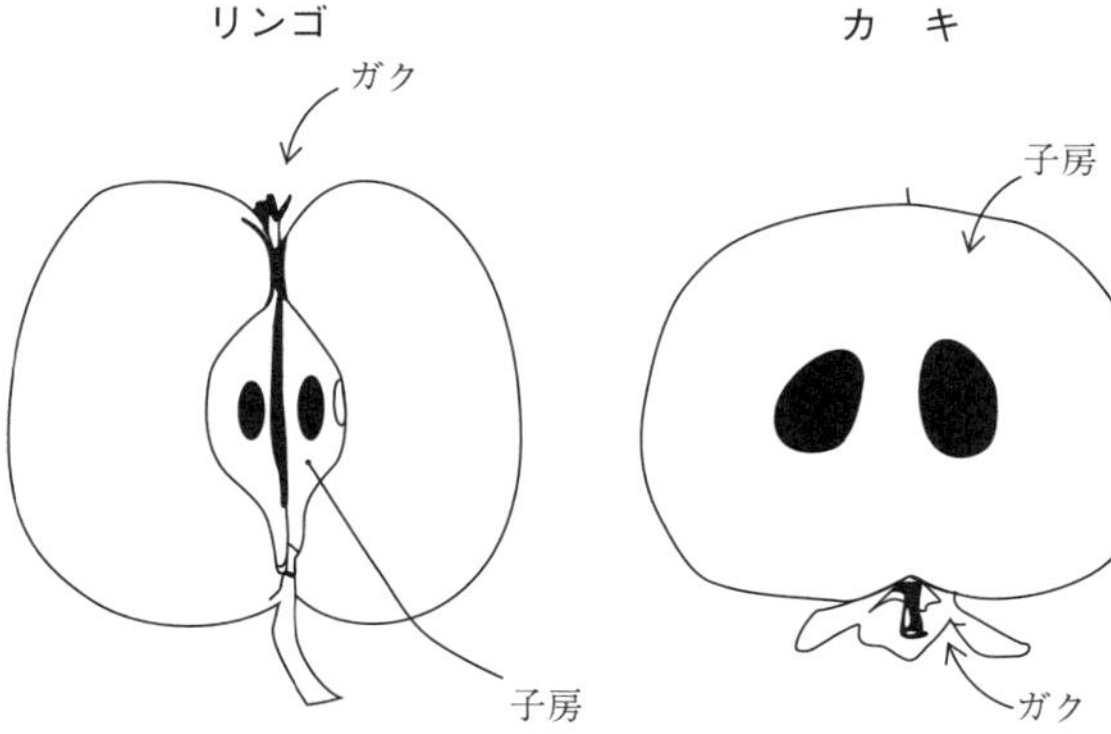

いる。
一般的に植物は、めしべの根元にある子房が太って果実になる。ところが、リンゴは違う。リンゴの赤い実は、花托《かたく》と呼ばれる花の付け根の部分が、子房を包み込むようにして太ったものである。本当の実ではないので、リンゴの実は擬果《ぎか》と呼ばれている。それでは、子房に由来した本当の果実はどこにあるのだろうか。
じつは、私たちが食べ残す芯の部分がリンゴの子房が変化したものである。種子は固い芯の中で、食べられないように守られているのだ。
モモやウメは、果実の一部を固くして核を作り、種子を守った。これに対して、リンゴは花の台を肥大させて果実を作り、子房は果実を作らずに、種子を守る役目をしているのである。

リンゴが子房の肥大した本当の果実でないことは、リンゴを観察してみるとよくわかる。一般の果実は、子房が肥大してできたものである。そのため、花の下にあるがくは果実より下にあることになる。たとえば、ミカンは子房が肥大してできた本当の果実である。そのため枝についていた柄の部分を下にしてみると、果実の下にヘタがある。このヘタが、がくだった部分である。

同じようにカキを枝のついていた柄の部分を下にしてみると、果実の下にヘタがある。カキの実も、子房が肥大した本当の果実なのである。

一方、リンゴは子房ではなく、花の付け根の花托と呼ばれる部分が肥大してできている。そのため、リンゴを見ると柄の部分にはヘタがない。しかし、柄の反対側の方を見ると、果実のへこんだ部分にがくの痕跡らしきものがある。このがくより先端に花があったはずなので、がくと柄の間にある果実は、花の付け根の部分だったことになるのである。

†動物も利用する

すでに紹介したように、哺乳動物に果実を食べさせて種子を運ばせるという方法はリスクが大きい。哺乳動物は歯でバリバリと噛み潰すし、消化管も長いので、種子が無事に排出できる可能性が低いのである。

ところが、果実ではなく、種子を散布するために種子そのものを食べさせて利用するという荒業を行う植物もある。まさに、肉を切らせて骨を断つという迫力である。それは、どんな方法なのだろうか。

秋になるとネズミやリスは、冬の間のエサにするためにドングリを集める。ドングリはクヌギやコナラなどの種子である。ネズミやリスは、ドングリを食べてしまうが、一部は食べ残したり、あるいは隠し場所を忘れてしまう。そして、春になると残されたドングリは芽を出すのである。このネズミやリスの行動によって、クヌギやコナラは見事に種子を移動させ、分布を広げるのである。

ドングリはネズミやリスに攻撃されて、食べられる存在である。しかし、ドングリにとって、リスやネズミは敵ではない。食べられることを逆手にとって、種子を運ばせているのである。

ただし、ドングリを食べようとやってくるリスやネズミをパートナーとして利用するのには、工夫が必要である。食べ残すようにとたくさんのドングリを作れば、エサが豊富なので、ネズミやリスはたくさん増えてしまう。ネズミやリスの数が多くなれば、ドングリを食べ残さずに、食べ尽くしてしまうかも知れないのだ。どうやって、ネズミやリスに食べ尽くされないようにすればよいのだろうか。

そこで、植物は、ドングリをたくさん作る「生り年」と、ドングリを少しだけ作る「裏年」とを設けた。ドングリの足りない裏年があるから、ネズミやリスが増えすぎることはない。そして、「生り年」にドングリを大量に生産すれば、ネズミやリスはドングリが食べきれずに、食べ残すのである。

果実を成らす植物も、生り年と裏年とがある。これも、必要以上に果実を食べる鳥を増やさないためなのである。

「食べられて成功する」という戦略には、これほどまでの注意深さが必要なのである。

いずれにしても、このようにして植物は、子房を食べられることを避けるのではなく、むしろ子房を発達させて甘い果実を用意した。そして、ドングリを食べにくる小動物には、さらに多くのドングリを用意して利用する道を選んだのである。

第6ラウンド

植物VS人間

オナモミ

†果実を食べる哺乳動物

前章で紹介したように、植物の果実が赤くなるのは、それが熟した実であるというサインであった。そして、それは赤色を認識することができない哺乳動物ではなく、赤色を認識する鳥に対するサインだった。恐竜が闊歩した時代、哺乳動物の祖先は恐竜の目を逃れて夜行性の生活を送っていた。そのため、哺乳動物は赤色を識別する能力を失ってしまったのである。

ところが、哺乳動物の中で、唯一、赤色を見ることができる動物がいる。それがゴリラやチンパンジー、オランウータンなどの類人猿である。もちろん、類人猿の一種である私たち人間も、赤色を見ることができる。類人猿の祖先は、突然変異により哺乳類の中で唯一、赤色を色覚する能力を取り戻したのだ。

森の果実をエサにするために、熟した果実の色を認識することができるようになったのか、それとも赤色を見ることができるようになったから、果実をエサにするようになったのかはわからないが、こうして類人猿は、鳥と同じように熟した赤い果実を認識して、果実を餌にするようになったのである。

それでは、植物にとって類人猿とは、どのような存在だったのだろうか。

確かに、鳥と同じように、類人猿も果実を食べて種子を運ぶことができる。しかし、チンパンジーやオランウータンの行動を見ると、果実を食べても、種子をその場で吐き出してしまう。おそらく、鳥のように遠くまで種子を運ぶという点では、植物にとっては、働きの悪い存在であるかも知れない。

†人類の誕生

隠れる場所の多い森林に比べて、見通しが良く敵から身を隠すことのできない草原は、生物にとっては過酷な場所である。

第5ラウンドの「草原の植物の進化」の節で紹介したように、イネ科植物は草原で草食動物から身を守るために発達した。そして、ウシやウマなどの草食動物は肉食動物から逃れるために、早く走るための脚力や、敵から身を守るための大きな体を身につけたのである。

そして、他にも草原で劇的な発達を遂げた生物がいる。それが、人類である。

人類の進化は、未だに多くの謎を秘めている。しかし人類の起源はアフリカ大陸であると言われている。一説には、地殻が隆起して豊かな森が分断されることによって、森の一部が乾燥化し、草原となっていったことが人類の進化に大きな影響を与えていると考えられている。そして、身を隠すための森を失ったサルは、広々とした草原で天敵を警戒するために二足歩行をするようになり、身を守るために道具や火を手にするようになったと言われているのである。

†植物を利用する人類

人類は、自然界ではとても弱い存在である。

弱さを補うように道具や火を使うことによって、肉食動物から身を守ることはできるようになったが、それだけでは十分ではない。生きていくためには、食べ物を得なければならないのだ。植物の豊かな森であれば、さまざまな実りがあるが、植物の少ない草原では十分な食糧を得ることができない。狩猟生活をしていたと言えば、格好が良いが、実際には、人類は、ハイエナのように他の動物たちの食べ残した骨の髄を食べていたのではないかと考えられている。こうして、肉食動物に怯えながら、何とか食糧を得ていたのである。

そんな人類の強い味方になったのは、意外にも哺乳動物に食べられないように進化を遂げたイネ科植物であった。

植物の種子は、成長をするために生存に必要なあらゆる栄養素を持ち、また栄養価も高い。コムギの祖先種であるヒトツブコムギは、草原に生えるイネ科植物である。ヒトツブコムギは種子ができると、種子を散布する。ところが、その中に、突然変異によって種子が離れることなく種子を散布しない株が出現した。その突然変異株は種子が散布できないから、子孫を増やすことができない。

ところが、人類はこの特異な突然変異株を、見出した。

種子が落ちないということは、植物としては決定的な欠点であるが、人類にとっては、じつに都合の良い性質である。種子が落ちないから、収穫をして種子を食糧として得ることができる。そして、収穫した種子を播いて栽培を行うことができるのである。

この突然変異株の出現によって、人類は農耕を始めることができたのだ。

作物を栽培することは、安定的に食糧を得ることができるが、多大な労働を必要とする。もし、狩猟生活で十分な食糧を得ることができているようであれば、わざわざ手を出すような労働でもない。人類が農耕を選んだということは、それだけ食糧に困っていたということでもあるのだ。

その後、有史以来、人類は植物を巧みに利用してきた。木や草で家を作り、植物の繊維で衣服を作った。そして、さまざまな植物を食糧として、豊かな食生活を築いてきたのである。

こうして農耕を選んだ人類は、多大な食糧を得ることに成功した。そして、豊富な食糧は人々に集団で住まう村を作らせ、やがて文明を築いていったのである。

†毒さえも利用する

前章で紹介したように、植物は哺乳動物の捕食から身を守るために、毒成分を身につけた。しかし、哺乳動物の一種であるはずの人類は、この毒さえ利用するようになった。

人間は、自然界では弱い存在である。そのため、巨大な獲物を倒すために、植物の毒を塗り付けた毒矢を用いた。また、川に毒を流して魚を獲ったり、虫よけや殺虫に用いたりもした。

それだけではない。人間は、植物がせっかく準備した毒成分を、あろうことか苦味が美味しいと好んで食べる。まさに植物にとっては想定外の事態である。フキノトウやタラの芽など、春の山菜は、まだか弱い若い芽を食害から守るために苦味物質を持っている。ところが、人間は苦味がおいしいというのだから、必死に身を守っている若き植物にとっては迷惑な話だ。

タマネギやネギなどの辛味も、病害虫や哺乳動物から身を守るためのものだが、人間にはたまらない味だ。それどころか、辛味の強いワサビやカラシさえ、人間は好んでわざわざ食べる。

たばこは、ナス科のタバコの葉を原料に作られる。タバコのニコチンも、毒物質である。ニコチンも昆虫や動物の食害から身を守るためのものである。ところが、人によっては、生きていくためにニコチンがなくてはならないと主張しているのだから、植物にとってはもはや理解不能だろう。

†植物と子どもたちの利害の一致

植物の実は熟すと赤く稔って甘くなる。これは、食べてもらいたいという植物からのサインであることは前にも書いた。

しかし、まだ種子が熟さないうちに食べられると困る。そのため、未熟な実は、葉と同じ色の緑色で目立たなくして、身を隠している。そして、食べられないように苦味を持っているのである。ところが、人間と言うのは、まったくやっかいな生き物である。この未熟な果実でさえ苦味が美味しいと食べ始めた。

緑色のピーマンは未熟な果実である。ピーマンの実も熟せば赤くなる。ところが、人間は、わざわざ緑色のピーマンを好んで食べているのである。

苦味が特徴のニガウリの実も、未熟な実である。ニガウリの名は苦いことに由来しているが、ニガウリの実も熟せばオレンジ色に色づき、甘くなる。ところが、未熟な実がおいしいと言われて、苦い瓜と言う意味でニガウリという名前までつけられて食べられているのである。

子どもたちは甘い果物は好きだが、苦味のあるピーマンやニガウリは嫌いな子も多い。これは生物としては、極めて正常な反応である。甘い果実は食べられるために植物が作りだしたものである。現代人にとっては甘い砂糖は摂りすぎると害もあるが、自然界には甘いもので危険なものはない。また、人間は植物が作りだした毒成分を「苦味」として感知する。子どもたちが苦い野菜を苦手とするのは、無理のない話である。食べられたくない植物と、食べたくない子どもたちは、利害が一致しているのである。

ところが、大人たちは、植物がわざわざ作りだした毒成分の苦味をおいしいと喜んで食べる。そして、子どもたちは苦味のある野菜を「残さず食べなさい」と無理強いされている。まったく人間の大人たちの好みというのは、植物にとっては理解しがたいものであろう。

†弱い毒でリフレッシュ

植物は身を守るために、多かれ少なかれ毒成分を用意している。

ところが、人類はこの植物の毒を好むようだ。

たとえば、緑茶や紅茶、コーヒー、ココア、ハーブティなど人間が好む飲料が覚醒作用やリラックス作用を持つのは、いずれも植物の弱い毒成分が機能している。

また、お香やポプリなど植物が発する香りもまた、人間をリフレッシュさせる。さらに、森林浴というが、森林ではさまざまな植物が、害虫や病原菌を寄せ付けないための物質を発している。そんな植物の毒成分や、毒気に満ちた森の空気が、どうして人間に良い効果をもたらすのだろうか。

この要因の一つに、ホルミシス効果を上げることができる。「ホルミシス」とは、ギリシア語で「刺激する」という意味である。

飲料や香料に含まれる植物の毒や、森に充満した植物の毒は人間を殺すほど強いものではない。しかし、人間にとって刺激剤となるくらいの作用はある。つまり、人間の体は弱い毒の刺激を受けて、生命を守ろうと防御体制に入る。その緊張感が生きるための能力を活性化し、私たちに活力を与えてくれるのである。

毒と薬は紙一重、毒も少量飲めば人間の体に良い刺激を与えて薬になるのである。実際に、植物が微生物や昆虫を殺すために蓄えた毒成分の多くが人間にとっては薬草や漢方薬の薬効成分として利用されている。

†毒なしには生きられない

苦味や渋味、辛味などは、本来、食害から身を守るための物質である。野生の哺乳動物は、舌の味覚や鼻の嗅覚という器官で、これらの成分を感知し、毒の摂取を回避するのである。

ところが、人間という哺乳動物は、この毒成分を好んで摂取する。それどころか、コーヒーのカフェインやタバコのニコチンは、それなしに生きられないほど依存症を起こしてしまうことさえあるのである。どうして、このようなことが起こってしまうのだろうか。

植物の持つ毒成分には人間の神経系に作用するものがある。いわゆる神経毒である。もちろん、毒が強ければ神経が麻痺して死んでしまう。しかし、致死量に達しない場合は、

タイマ

神経に作用して人間の体にさまざまな作用を引き起こす。

一つが神経系を活性化させる興奮効果である。漢方薬にも用いられるマオウ科のマオウという植物から製造される覚せい剤や、コカノキ科のコカの成分であるコカインが、興奮効果を持つものである。

逆に神経作用を抑制して鎮静効果を持つものもある。ケシ科のケシから作られるモルヒネやヘロイン、クワ科のタイマから作られるマリファナは鎮静作用をもたらす効果がある。

これらの症状は、いずれも人間の体の機能が麻痺して誤作動を起こしている状態である。

そしてタバコのニコチンも人間の体に誤作動を引き起こす。ニコチンは自律神経の伝達を司るアセチルコリンとよく似ているため、アセチルコリンの受容体と反応して、神経系を刺激するのである。

弱いとは言っても、体に害のある毒である。そこで、人間の体はこれらの毒を代謝して無毒化しようとする。コーヒーを飲むと、トイレに行きたくなるのも、体がカフェインを体外に排出しようとするからである。

ところが、この毒を摂取し続けると、人間の体はだんだんとその成分を無毒化する能力が高まり、耐性がついてくる。ただし、これらの仕組みはあくまでも非常時の緊急システムである。ところが、体内に日常的に毒成分が摂取される状態になると、体はそれに対応し、体内の薬物を代謝している状態が通常状態となってしまう。すると、体内から薬物がなくなった状態の方が非常時になってしまい、体内の生理反応が異常をきたしてしまう。これがいわゆる禁断症状なのである。

†毒成分が幸福を与えてくれる理由

さらに、チョコレートやコーヒー、タバコなどは、人をリラックスさせるだけでなく、どこか充実した幸福感を与えてくれる。

どうして、植物が身を守るための毒物質が、人間に幸せを与えてくれるのだろうか。

人間の体は、体内に摂取された毒成分を無毒化し、排出しようと活性化する。ところが、それだけではなく、毒成分によって体に異常をきたしたと感じた脳は、鎮痛作用のあるエンドルフィンまで分泌してしまうのである。

脳内モルヒネとも呼ばれるエンドルフィンは、疲労や痛みを和らげる役割を果たしている。毒成分の刺激を受けた脳は、体が正常な状態にないと判断し、毒成分による苦痛を和らげるためにエンドルフィンを分泌する。そのため、私たちの体は、陶酔感を覚え、忘れられない快楽を感じてしまうのである。

この幸福感により、私たちはチョコレートやコーヒー、タバコなどをやめられなくなってしまうのだ。

食害から身を守ろうとする植物。そして、植物が作りだした毒成分から身を守ろうとする人間の体の働き。この戦いの末に、人間は至福を覚え、中毒になってしまうのである。

†作物の陰謀

人類は、自分たちの都合で、植物を改造してきた。

ダイコンは異常なほどに肥大をするようになったし、キャベツは葉を広げることもなく丸くなっている。もともと五枚しか花弁を持たなかったバラの花は、雄しべや雌しべも花びらに変えて八重になった。

そんな植物たちは、人間の身勝手な欲望に翻弄され続けてきた被害者なのだろうか。そして、栽培され、飼い慣らされた植物たちは、人間たちの前に完全にひざまずいてしまったのだろうか。

けっしては、そうではないだろう。

植物は、さまざまに工夫をして、分布を広げようとしてきた。たとえば、タンポポは種子に綿毛をつけて風に乗せて種子を運ぶ。また、オナモミはとげの着いた実で衣服や動物の毛にくっついて種子を遠くへ運ぶ。それもこれも、遠くへ種子を運んで、少しでも分布を広げようと必死なのだ。

しかし、人間に栽培されている植物はどうだろうか。

人間たちは、世界の片すみにいた植物たちを、船や飛行機を使って世界中に広げて行った。そして、種子をまき、水を与え、肥料を与え、害虫や雑草を取り除いて、世話をしてくれるのである。

分布を広げるという点では、栽培されている植物は、これ以上ない大成功を収めていると言っていいだろう。勝手に世界に広げてもらえる利益を考えれば、人間の好みにあわせて姿や形を変えることなど、植物にとっては、何でもないことのはずである。

植物たちは、花粉を運ぶために昆虫たちに蜜を与え、種子を運ばせるために、鳥のために甘い果実を用意した。人間のために、おいしい野菜や果実を用意することは、何でもないことなのだ。人間は植物を自在に改良しているように思っているかも知れないが、もしかすると、人間たちにもっと食べさせるように、植物自身が進化を遂げてきたのではないだろうか。

植物を利用しているつもりでいる私たち人間が、植物たちに、まんまと利用されているのかもしれないのである。

✝新たなる敵の登場

多くの植物を、我が物のように利用してきた人類。

しかし、すべての植物が従順に、人間に従っているわけではない。反旗を翻して、人間に戦いを挑んできた植物もある。「雑草」である。

雑草は、田んぼや畑に侵入し、人間が施した肥料を横取りしながら、作物の生育を邪魔する。また、人間の生活空間にはびこって、私たちの生活を阻害するのである。

雑草とは何か。

この問いに対して、アメリカ雑草学会（Weed Science Society of America, WSSA）は、「人類の活動と幸福・繁栄に対して、これに逆らったり、妨害したりするすべての植物」と定義している。何という邪悪な植物なのだろう。古くから西洋では雑草は、悪魔が種を播いていると言い伝えられている。まさに人間の幸福を邪魔する新たな敵が現れたのである。

人間は田畑を拓き、農業を始めることによって、安定的な生活ができるようになった。そして、文明社会を築いてきたのである。しかし、その農業の歴史は、まさに雑草との戦いの歴史であったと言われている。有史以来、人類は雑草と戦い続けてきたのである。

†草取りを克服した雑草

昔の農業は大変だった。何度も何度も田畑を這いつくばって、雑草を取らなければならなかったのである。

タイヌビエ

しかし、草取りをする人間も大変だが、抜かれる雑草の立場になってみれば、雑草も大変である。何度も何度も行われる草取りから身を守らなければならないのだ。

イネを栽培する田んぼは、何度も何度も草取りが行われた場所である。小さな雑草であれば、イネの株間に身を潜めていることもできるだろうが、大きな雑草では逃げ場がない。大きな雑草は、どのようにして草取りから身を守れば良いのだろうか。

この難問を解決したのが、タイヌビエというイネ科の雑草である。

じつは、タイヌビエはイネとそっくりな姿をしている。こうして人間の目を欺いて田の草取りを逃れるのである。まさに「木を隠すときは森へ隠せ」の喩えどおり、田んぼにたくさんあるイネに紛れることで、タイヌビエはみごとに身を隠してしまうのである。

カメレオンのように回りの風景と同化したり、ナナフシが木の枝に似た体や手足を持つように、別のものに姿を似せて身を隠すことを擬態という。タイヌビエは作物に似せる「擬態雑草」と呼ばれている。何度も何度も草取りが行われるうちに、イネに似ている個体が選ばれていった。そして、ついにイネにそっくりなタイヌビエが誕生したのである。

†草むしりをすると雑草が増える？

庭の草むしりは、大変な作業である。

しかも憎たらしいことに、きれいに草むしりをしたつもりでも、一週間もすれば、また雑草が生えてきてしまう。どうして、雑草はこんなにもしつこいのだろう。

しかし、草むしりをしても、雑草が芽生えてくるのには、理由がある。じつは、人間が草むしりをすることによって、雑草の発芽が引き起こされているのである。

じつは、雑草の種子の多くは、光を当てると発芽が始まる「光発芽性」という性質を持っている。つまり、雑草の種子は光を感じて発芽を始めるのである。種子に光が当たるということは、まわりにライバルとなる植物がまったくなくなったということを意味している。そのため、光が差し込むのを合図に、雑草の種子は一斉に芽を出すのである。

草むしりをすると、まわりの雑草がなくなって地面に光が当たる。そして、土がひっくり返されると、土の中にまで光が差し込む。すると、それまで眠っていた雑草の種たちが一斉に発芽を始めるのである。

†人間に寄り添う戦略

「雑草のように強い」と比喩されるように、雑草には「強い」というイメージがある。しかし、植物学では、雑草は強い植物であるとはされていない。むしろ、「雑草は弱い植物である」と言われている。これは、どういうことなのだろうか。

本書の最初に、植物と植物の戦いを紹介した。じつは、雑草と呼ばれる植物は、他の植物との競争に弱いのである。

植物は、光や水を奪い合い、生育場所を争って、激しく競争を繰り広げている。雑草はそのような植物間の競争に弱い植物である。そのため、たくさんの植物が生い茂るような自然豊かな森の中には、雑草と呼ばれる植物群は生えることができない。

そこで、雑草は、他の植物が生えることのできないような場所を選んで生息している。それが、よく踏まれる道ばたや、草取りが頻繁に行われる畑の中など、人の暮らす場所なのである。草取りをしたり、耕されたりすることは、雑草にとって過酷なことである。しかし、そうして人間が管理することで、強い植物が侵入することも防がれている。もし、人間が草取りをやめれば、競争に強い植物が次々と侵入して、植物どうしの戦いの末に、やがて雑草を駆逐してしまうだろう。

禅問答のようだが、草取りをやめれば雑草はなくなり、草取りをすることで雑草は生存できるのである。

雑草は、人間の暮らしている場所でしか、生きることのできない植物である。草むしりはされたくないが、草むしりされないと生きていけない。これが雑草の背負っている宿命である。

雑草にとって、人間は敵であるとは言い切れない。

じつは雑草は、人間に寄り添っているのである。もしかすると、寄生して利用していると言う方が正しいのかも知れない。雑草にとって、人間はなくてはならない存在なのである。

†人間が創りだした植物　雑草

田んぼや畑、道ばた、空き地など、雑草は人間の暮らす場に生える。人が立ち入らないような深い森に行くと、そこには私たちの身近にある雑草は見られない。

雑草は、人間なしには生きられない植物である。それでは私たち人類が出現する以前に、雑草はどのような場所に生活していたのだろうか。

雑草の起源は氷河期に遡ると言われている。

競争に弱い雑草は、他の植物が生えるような場所には生えることができない。氷河期になると、気候も不安定になり、また造山運動によってさまざまな地形が作られるようになった。そして、洪水が起こる河原や土砂崩れ後の山の斜面など自然界に偶発的にできた不毛の土地が雑草の祖先の棲みかとなった。人間がいなかった時代、彼らの生活場所は、特殊なごく限られた場所だったはずである。

しかし、人類が出現して彼らの生息範囲は一変した。

人間が自然環境を改変し、強い植物が生えないような環境を作りだしたのである。人々が農耕を始め、村を作ると、そこは雑草たちの安住の土地となったはずである。

ヨーロッパでは新石器時代の遺跡から雑草の種子が見つかっている。人間が村を作り人間としての歴史を始めた時、そこにはすでに道ばたの雑草の姿があったのである。農耕が始まると村で暮らしていた雑草たちのいくつかは畑にも侵出していった。

とはいえ、人々が暮らすような場所は、植物の生存に適しているとは言えない。そこで、雑草は農作業や草取りなど人々の暮らしに適応して進化を遂げて繁栄していったのである。雑草は、人類と歴史を共にしてきた。そして、今や雑草は、人間なしには生きていけないほどまでに進化を遂げている。

人類は長い歴史の中で、野生の植物を改良して多くの作物や野菜など栽培植物を作り出してきた。ところが勝手に生えているように見える雑草も、じつは、はからずも人間が作り出した植物なのである。

†除草剤の開発

こうした人間と雑草との戦いに終止符を打つべく、人類は最終兵器を作り上げた。それが、「除草剤」である。

除草剤の歴史は、そう長くない。除草剤の起源については、色々なものが挙げられるが、最初に広く普及したのは、第二次世界大戦中に英国で開発された2,4-Dと呼ばれるものである。

除草剤は、作物を枯らさず、雑草だけを枯らさなければならない。2,4-Dは双子葉植物に効果があるが、イネ科植物には作用しないという特徴がある。そのため、コムギやトウモロコシの栽培に用いられていったのである。

その後、さまざまな除草剤が開発されていった。

除草剤の登場によって人類は、雑草に困らされることは少なくなった。昔は、何度も何度も人の手で草取りをしなければならなかったが、除草剤さえまけば草取りをしなくてもすむようになったのである。

除草剤の登場は、多くの雑草を駆逐した。最近では、絶滅が心配される動植物をリストアップした環境省のレッドデータリストに、雑草が名前を連ねる始末である。まさに、除草剤こそが、雑草に対する人間の勝利を声高に宣言するものだったのである。

†スーパー雑草の登場

しかし、戦いはまだ終わったわけではなかった。

除草剤の迫害を受けながらも、雑草たちは反撃のチャンスを狙っていた。そして、ついには除草剤をかけても生き残るミュータント（突然変異体）が現れたのである。

農薬に対する抵抗性は、菌類や昆虫では広く見られるが、菌類や昆虫ほど世代更新が早くない植物では、発達しないだろうというのが定説だった。ところが、追いつめられた雑草はこの定説をくつがえし、ついに禁断のミュータントを誕生させたのである。

人間があまりに除草剤に頼りすぎて除草剤ばかり掛けていたため、雑草もその他の生存戦略を発達させなくても、除草剤に対する対応だけすれば良かったという背景もある。このように除草剤の効かない雑草は、「スーパーウィード（スーパー雑草）」と呼ばれている。

特に問題となっているのは、グリホサート抵抗性と呼ばれる雑草である。

グリホサートを主成分とする「ラウンドアップ」という除草剤があるが、これは環境に対する負荷の少ない安全性の高い薬剤である。しかし、ラウンドアップは、どんな植物も枯らしてしまうという欠点がある。

ラウンドアップは、雑草は枯らせても、農作物を枯らさないということが条件となる。大切な作物を枯らしてしまっては何にもならないのだ。そこで、遺伝子を操作してラウンドアップの効かないバイオタイプが作りだされた。こうして作物が植えられた場所でも、安心してラウンドアップをまくことができるようになったのである。

このラウンドアップによって、畑から雑草はなくなり、農業における雑草問題は解決されたかのように思われた。しかし、やがて、どんな植物をも枯らしてしまうラウンドアップを掛けても、枯れない雑草が現れ始めた。これがグリホサート抵抗性雑草である。このスーパー雑草が今、蔓延し始めているのである。

除草剤の効かない雑草の出現に対して、最新の研究では、除草剤に頼らず、耕したり、植え付け時期を工夫するなどして、雑草の害を抑える方法が検討されている。

人類の農耕の歴史は、雑草との戦いの歴史だったとも言われている。いつの時代も、人間と雑草とは戦いを繰り広げてきた。それは科学が発達した二十一世紀になっても、何一つ変わっていない。雑草と人との知恵比べは現代でも続いている。人間が繁栄する限り、雑草たちの繁栄もまた続くのである。

まだまだ、人類と植物との戦いは果てしなく続きそうである。

†敵もまたあっぱれ

エリートではない、無名の努力家たちは「雑草軍団」と評価される。

雑草軍団に、けっして悪いイメージはない。むしろ「温室育ちのエリート集団」と言う方が鼻につく感じだ。苦労の末に花を咲かせた「雑草」に、人々は感嘆し、惜しみない拍手を送るのである。

何とも不思議な話である。雑草は困り者で、人々は雑草と激しい戦いを繰り広げてきた。それなのに、どうして雑草に良いイメージがあるのだろうか。

ただし、「雑草軍団」や「雑草魂」のように、雑草に良いイメージがあるのは、私が知る限りでは、日本人くらいのものである。

どうして、日本人は、雑草に対して好意を持つのだろうか。

日本の雑草が、世界の国々に比べて困り者ではないかと言えば、そんなことはない。むしろ、日本の雑草は、かなり手強いと言っていい。

何しろ、高温多湿な日本では、雑草はすぐに伸びてくる。数か月も草取りをせずに畑を放っておけば草ぼうぼうになって、覆い尽くされてしまう。庭の草は取っても取ってもすぐに生えてくる。年に何回も行われる公園や道路の法面の草刈りには、毎年膨大な予算が使われている。農業にとっては、もっと深刻で切実な問題だ。高温多湿な気候にある日本の農業の歴史は雑草との戦いであったと言っていい。一方、欧米では、雑草は日本ほどは伸びてこない。日本人の方が、ずっと雑草に苦しめられてきたのだ。それなのに、どうして、日本人は、困り者の雑草を愛するのだろうか。

西洋の人たちにとって、自然は人と相対するものであり、支配すべきものであった。そして、自然に戦いを挑み、自然を克服していったのである。しかし、高温多湿で、植物の成長が早い日本では、自然は豊かな恵みをもたらしてくれる一方で、脅威となって人間に襲い掛かってきた。そして、日本人は自然の驚異と全力で向き合っていったのだ。

その結果、どうだっただろう。厳しい戦いを通して、人々はそこに尊敬の念を抱かずにいられなかったのではなかろうか。日本人にとって、手強い敵である雑草は、良きライバルのような関係だったのかも知れない。

戦いの中で熱い友情が芽生えるというのは、ドラマでは、よくある話である。

人間と雑草との戦いの末にも、どこかお互いを称え合う気持ちが出たのだろうか。

敵もまた、あっぱれ。互いの強さを称え合いながら、人間と植物とは戦い続けていくのである。

あとがき　戦いの中で

自然界は「弱肉強食」、「適者生存」の世界である。

もちろん、ルールも道徳心もない。すべての生物が利己的に振る舞い、傷つけあい、だまし合い、殺し合いながら、果てしなき戦いを繰り広げているのである。まさに殺るか殺られるか、仁義なき戦いがそこにはあるのだ。

しかし、その殺伐とした自然界で植物がたどりついた境地は何だっただろうか。

植物は菌類との戦いの末に、菌類の侵入を防ぐのではなく、共に棲む道を選択した。そして、昆虫との戦いの結果、花粉が食べられることを防ぐのではなく、花粉を狙ってきた昆虫に花粉を運ばせるという相利共生のパートナーシップを築いたのである。

さらに動物との戦いの末に、子房の食害を防ぐのではなく、胚珠を守っていた子房を利用する方法を発達させた。そして、子房を肥大させて果実を作り、動物や鳥にエサとして与える代わりに種子を運ばせるようになったのである。

植物は強大な敵と戦うだけでなく、敵の力を利用することを試みた。そして、戦いの末に、植物は敵である生物と双方に利益のある共存関係にたどりついたのである。

殺伐とした自然界で、同盟を結ぶために植物がしたことは何だったのだろうか。

菌類との共存関係を築くために、まずは自らの体内に菌類を招き入れた。昆虫との共存関係を築くために、花粉が食べられることを許し、さらには昆虫のエサとなる蜜を用意した。そして鳥や動物に種子を運んでもらうために、果物という魅力的な贈り物を先に施したのである。

他の生物と共存関係を築くために植物がしたこと、それは、自分の利益より相手の利益を優先し、「まず与える」ことだったのである。

「与えよ、さらば与えられん。」植物は、この言葉を説いたイエスが地上に現れるはるか以前にこの境地に達していたのである。


一方、人類はどうだろう。

人類は違う。自然界は「弱肉強食」、「適者生存」なのだ。植物のように「共存」などという甘いことはけっして言わない。

人類は世界中の自然を征服し尽くしている。他の生物は完膚なきまでに叩き潰すのだ。今や、人類は、たった一日で一〇〇種を絶滅に追いやっている。まさに厳しい自然界で勝利を手にしようとしているのである。

それだけではない。

そもそも、現在の地球環境は植物の祖先が勝手に作り替えてしまったものだ。地球上を覆い尽くしていた二酸化炭素を植物が吸収し、酸素と言う有害な物質を作りだした。そして、三十億年も歳月を掛けて酸素をまき散らした結果、有り余った酸素は、オゾンと化して、地球全体を覆い尽くすようなオゾン層を作り上げてしまったのである。

その結果、どうだろう。酸素を利用する生物が進化を遂げた。そして、オゾン層によって地球に降り注ぐ有害な紫外線が減少し、多くの生物が地上に進出した。そして「豊かな生態系」というものができあがったのである。

この自然界は、所詮、植物が作り上げたものなのだ。

人類は、植物が勝手に作り上げた地球の環境を本来あった元の姿に戻そうと懸命だ。化石燃料を燃やしては二酸化炭素を排出し、地球の気温を温暖化しようと懸命に励んでいる。二酸化炭素濃度が高く、温暖な環境はまさに植物が誕生する前の原始の地球の環境そのものである。

さらにはフロンガスを排出し、植物が勝手に作り上げたオゾン層の破壊にも取り組んでいる。人類の取り組みによってオゾン層には、大きな穴が空き始めたという。植物が生まれる前の地球のように、地球上に有害な紫外線が降り注ぐのは時間の問題だろう。

すべての生物は、もともとは地球上にはいなかったのだ。人類は森林の木々を伐採し、生物の棲みかを奪って、植物との戦いに勝利し続けている。やがて人類はすべての生物を根絶やしにし、すべての植物を絶滅に追いやることだろう。そうすれば、生命誕生以前の地球環境を取り戻すことだってできるかも知れない。

植物が改変した地球環境は、やがて人類の力によって本来の姿に戻るのである。

他の生物との「共存」を選んだ植物が正しいのか、他の生物の生存を許さず絶滅に追い込む人類が正しいのか、答えはやがて出るであろう。

地球の歴史の中で繰り広げられてきた植物を巡る戦いの中で、人類が完全勝利をするのは、もう目前である。

果たして……そのとき勝者である人類が手にする世界とは、一体どのようなものなのだろう。そのとき、人類はどのような暮らしをしているのだろう。

謝辞

最後に、本書の出版にあたりイラストをお描きいただいた小堀文彦さんに、ご尽力いただいた筑摩書房の天野裕子さんにお礼申し上げます。ありがとうございました。

ちくま新書
1137

たたかう植物《しょくぶつ》
——仁義《じんぎ》なき生存戦略《せいぞんせんりゃく》

二〇一五年八月一〇日 第一刷発行
二〇二三年七月一五日 第四刷発行

著者 稲垣栄洋（いながき・ひでひろ）
発行者 喜入冬子
発行所 株式会社 筑摩書房
東京都台東区蔵前二-五-三 郵便番号一一一-八七五五
電話番号〇三-五六八七-二六〇一（代表）
装幀者 間村俊一
印刷・製本 三松堂印刷 株式会社

ISBN978-4-480-06840-8 C0245

434 意識とはなにか——〈私〉を生成する脳　茂木健一郎

物質である脳が意識を生みだすのはなぜか？　すべてを感じる存在としての〈私〉とは何ものか？　人類に残された究極の問いに、既存の科学を超えて新境地を展開！

1095 日本の樹木〈カラー新書〉　舘野正樹

暮らしの傍らでしずかに佇み、文化を支えてきた日本の樹木。生物学から生態学までをふまえ、ヒノキ、ブナ、ケヤキなど代表的な26種について楽しく学ぶ。

525 DNAから見た日本人　斎藤成也

急速に発展する分子人類学研究が描く、不思議で意外なDNAの遺伝子系図。東アジアのふきだまりに位置する〝日本列島人〟の歴史を、過去から未来まで展望する。

584 日本の花〈カラー新書〉　柳宗民

日本の花はいささか地味ではあるけれど、しみじみとした美しさを漂わせている。健気で可憐な花々は、知れば知るほど面白い。育成のコツも指南する味わい深い観賞記。

954 生物から生命へ——共進化で読みとく　有田隆也

「生物」＝「生命」なのではない。共進化という考え方、人工生命というアプローチを駆使して、環境とのかかわりから文化の意味までを解き明かす、一味違う生命論。

968 植物からの警告　湯浅浩史

いま、世界各地で生態系に大変化が生じている。植物と人間のいとなみの関わりを解説しながら、環境変動の実態を現場から報告する。ふしぎな植物のカラー写真満載。

312 天下無双の建築学入門　藤森照信

柱とは？　天井とは？　屋根とは？　日頃我々が目にする日本建築の歴史は長い。建築史家の観点をも交え、初学者に向け、建物の基本構造から説く気鋭の建築入門。

ちくま新書

068 自然保護を問いなおす
――環境倫理とネットワーク
鬼頭秀一
「自然との共生」とは何か。欧米の環境思想の系譜をたどりつつ、世界遺産に指定された白神山地のブナ原生林を例に自然保護を鋭く問いなおす新しい環境問題入門。

570 人間は脳で食べている
伏木亨
「おいしい」ってどういうこと？　生理学的欲求、脳内物質の状態から、文化的環境や「情報」の効果まで、さまざまな要因を考察し、「おいしさ」の正体に迫る。

795 賢い皮膚
――思考する最大の〈臓器〉
傳田光洋
外界と人体の境目――皮膚。様々な機能を担っているが、驚くべきは脳に比肩するその精妙で自律的なメカニズムである。薄皮の秘められた世界をとくとご堪能あれ。

739 建築史的モンダイ
藤森照信
建築の歴史を眺めていると、大きな疑問がいくつもわいてくる。建築の始まりとは？　そもそも建築とは何なのか？　建築史の中に横たわる大問題を解き明かす！

879 ヒトの進化　七〇〇万年史
河合信和
画期的な化石の発見が相次ぎ、人類史はいま大幅な書き換えを迫られている。つい一万数千年前まで生きていた謎の小型人類など、最新の発掘成果と学説を解説する。

898 世界を変えた発明と特許
石井正
歴史的大発明の裏には、特許をめぐる激しい攻防があった。蒸気機関から半導体まで、発明家たちの苦闘の足跡をたどり、世界を制する特許を取るための戦略を学ぶ。

1133 理系社員のトリセツ
中田亨
文系と理系の間にある深い溝。これを解消しなければ、両者が一緒に働く職場はうまくまわらない。理系の意外な特徴や人材活用法を解説した文系も納得できる一冊。

ちくま新書

942
人間とはどういう生物か
——心・脳・意識のふしぎを解く
石川幹人
人間とは何だろうか。古くから問われてきたこの問いに、認知科学、情報科学、生命論、進化論、量子力学などを横断しながらアプローチを試みる知的冒険の書。

950
ざっくりわかる宇宙論
竹内薫
宇宙はどうはじまったのか？　宇宙は将来どうなるのか？　宇宙に果てはあるのか？　過去、今、未来を縦横無尽に行き来し、現代宇宙論をわかりやすく説き尽くす。

958
ヒトは一二〇歳まで生きられる
——寿命の分子生物学
杉本正信
ストレスや放射能、病原体に打ち勝ち長生きする力は誰にでも備わっている。長寿遺伝子や寿命を支える免疫・修復・再生のメカニズムを解明。長生きの秘訣を探る。

970
遺伝子の不都合な真実
——すべての能力は遺伝である
安藤寿康
勉強ができるのは生まれつきなのか？　IQ・人格・お金を稼ぐ力まで、「能力」の正体を徹底分析。行動遺伝学の最前線から、遺伝の隠された真実を明かす。

986
科学の限界
池内了
原発事故、地震予知の失敗は科学の限界を露呈した。科学に何が可能で、何をすべきなのか。科学者の倫理を問い直し「人間を大切にする科学」への回帰を提唱する。

1003
京大人気講義　**生き抜くための地震学**
鎌田浩毅
大災害は待ってくれない。地震と火山噴火のメカニズムを学び、災害予測と減災のスキルを吸収すべき時は、まさに今だ。知的興奮に満ちた地球科学の教室が始まる！

1018
ヒトの心はどう進化したのか
——狩猟採集生活が生んだもの
鈴木光太郎
ヒトはいかにしてヒトになったのか？　道具・言語の使用、文化・社会の形成のきっかけは狩猟採集時代にあった。人間の本質を知るための進化をめぐる冒険の書。

ちくま新書

1109
食べ物のことはからだに訊け！
――健康情報にだまされるな
岩田健太郎

○○を食べなければ病気にならない！　似たような話はたくさんあるけど、それって本当に体によいの？　巷にあふれる怪しい健康情報を医学の見地から一刀両断。

445
禅的生活
玄侑宗久

禅とは自由な精神だ！　禅語の数々を紹介しながら、言葉では届かない禅的思考の境地へ誘う。窮屈な日常に変化をもたらし、のびやかな自分に出会う禅入門の一冊。

390
グレートジャーニー〈カラー新書〉
――地球を這う① 南米～アラスカ篇
関野吉晴

アフリカに起源し南米に至る人類拡散五〇〇万年の経路を逆ルートで、自らの脚力と腕力だけで辿った探険家の壮大な旅を、カラー写真一二〇点と文章で再現する。

568
グレートジャーニー〈カラー新書〉
――地球を這う② ユーラシア～アフリカ篇
関野吉晴

人類拡散五〇〇万年の足跡を逆ルートで辿る、足掛け一〇年に及ぶ壮大な旅の記録。ユーラシア大陸を横断し、いよいよ誕生の地アフリカへ！　カラー写真一三〇点。

945
緑の政治ガイドブック
――公正で持続可能な社会をつくる
デレク・ウォール
白井和宏訳

原発が大事故を起こし、グローバル資本主義が行き詰まった今の日本で、私たちはどのように社会を変えていけばいいのか。巻末に、鎌仲ひとみ×中沢新一の対談を収録。

317
死生観を問いなおす
広井良典

社会の高齢化にともなって、死がますます身近な問題になってきた。宇宙や生命全体の流れの中で、個々の生や死がどんな位置にあり、どんな意味をもつのか考える。

1086
汚染水との闘い
――福島第一原発・危機の深層
空本誠喜

抜本的対策が先送りされ、深刻化してしまった福島第一原発の汚染水問題。事故当初からの経緯と対応策・進捗状況について整理し、今後の課題に向けて提言する。

ちくま新書

952 **花の歳時記〈カラー新書〉** 長谷川櫂

花を詠んだ俳句には古今に名句が数多い。その中から選りすぐりの約三百句に美しいカラー写真と流麗な鑑賞文を付し、作句のポイントを解説。散策にも必携の一冊。

876 **古事記を読みなおす** 三浦佑之

日本書紀には存在しない出雲神話がなぜ古事記では語られるのか？　序文のいう編纂の経緯は真実か？　この歴史書の謎を解きあかし、神話や伝承の古層を掘りおこす。

661 **「奥の細道」をよむ** 長谷川櫂

流転してやまない人の世の苦しみ。それをどう受け容れるのか。芭蕉は旅にその答えを見出した。芭蕉が得た大いなる境涯とは――。全行程を追体験しながら読み解く。

1117 **食品表示の罠** 山中裕美

本来、安全を確保するための食品表示が、消費者にはわかりにくい。本書は、食品表示の裏側に隠された本当の意味を鋭く指摘。賢い消費者になるためのヒント満載！

1079 **入門　老荘思想** 湯浅邦弘

俗世の常識や価値観から我々を解き放とうとする「老子」と「荘子」の思想。新発見の資料を踏まえてその教えをじっくり読み、謎に包まれた思想をいま解き明かす。

877 **現代語訳　論語** 齋藤孝訳

学び続けることの中に人生がある。――二千五百年間、読み継がれ、多くの人々の「精神の基準」となった古典中の古典を、生き生きとした訳で現代日本人に届ける。

766 **現代語訳　学問のすすめ** 福澤諭吉　齋藤孝訳

諭吉がすすめる「学問」とは？　世のために動くことで自分自身も充実する生き方を示し、激動の明治時代を導いた大ベストセラーから、今すべきことが見えてくる。